지난 15년을 초등 교실에서 보내면서 나를 가장 안타깝게 했던 아이들이 있습니다. 그 아이들의 어떠한 면이 특히 부족하거나 나빴기 때문은 아니었습니다. 그들에게는 아이를 오롯이 세워주지 못하고 오히려 망칠 수 있는 말들을 아무렇지 않게 툭툭 건네는 부모가 있었을 뿐입니다. 모든 아이는 소중합니다. 그러나 아이는 부모를 선택할 수 없기에 이런 부모의 말에 시들어가는 아이들의 모습은 교사인 내게 너무나 무거운 숙제였습니다.

아이들은 타고난 성향이 다를 뿐, 각자의 무한한 잠재력을 가지고 태어납니다. 어떤 말은 아이를 바로 세우고, 또 어떤 말은 아이를 망치고 죽입니다. 부모의 말은 아이에게로 가 미래를 꿈꾸게 만드는 토실토실한 씨앗이 되기도 하고, 아이가 가지고 태어난 예쁜 모습과 가능성을 무참히 짓밟아 버리는 무서운 무기가 되기도 합니다.

이 책은 1만 명이 넘는 비행청소년과 범죄자의 심리를 분석해 부모가 자녀에게 해야 할 말과 하지 말아야 할 말을 이해하기 쉽게 설명합니다. 세상 그 누구보다 아이를 사랑하고 잘 키우고 싶은 부모라면 반드시 읽어보기를 진심으로 권합니다.

오늘 내가 아이를 위한다는 이유로 무심코 건넸던 그 말이 사실 아이를 망치는 말은 아니었을까, 이 책을 통해 공부하며 성장해가는 부모가 더 많아지길 기대해봅니다.

_이은경(자녀교육 전문가, 슬기로운초등생활 대표)

'잘되라고' 하는 부모의 말이 아이에게 부담과 상처를 줄 수 있어요. 범죄심리학자이자 아동심리학 교수인 저자는 수십 년간 비행청소년을 만나오며 아이들이 범죄와 비행을 저지르는 배경에 학대와 방임, 빈곤만이 아닌 부모가 무심코 던진 '말의 문제'가 자리하고 있음을 발견합니다. 아이 잘되라고 한 부모의 말과 행동이 오히려 아이를 괴롭게 하는 독이 될 수 있는 것이지요.

부모의 의도와 아이에게 전해지는 메시지는 다를 수 있습니다. '부모가 어떤 말을 하느냐'보다 중요한 건 '아이가 어떻게 받아들이냐'입니다. 이 책은 부모의 생각을 일방적으로 주입하는 말이 아닌 아이를 궁금해하고 의견을 묻는 쌍방향 소통 방법을 구체적이면서도 자상하게 안내하고 있어요.

　책 속 사례를 따라가 보면 아이를 깊이 이해하는 데 도움이 되는 내관 요법, 롤 레터링 등 전문적인 심리 치유의 방법도 배울 수 있습니다. 범죄심리학자가 쓴 책이라 딱딱하고 지루할 것이라는 예상은 읽으며 완전히 빗나갈 거예요.

　아이의 행동과 마음이 궁금한 부모는 물론 사춘기가 시작되며 아이와 소통이 막막해진 부모에게 이 책을 추천합니다. 구체적인 상황별 대화법뿐만 아니라 아이를 대하는 태도와 자녀교육 철학을 바로 세우는 데도 분명 큰 도움이 될 것입니다.

_윤지영(초등학교 교사, 《엄마의 말 연습》 저자)

아이를 망치는 말
아이를 구하는 말

일러두기

본문의 각주는 옮긴이의 설명입니다.

HANZAISHINRIGAKUSHA GA OSHIERU
KODOMO WO NOROU KOTOBA·SUKUU KOTOBA

1만 명의 속마음을 들여다본 범죄심리학자가 전하는

아이를 망치는 말
아이를 구하는 말

데구치 야스유키 지음
김지윤 옮김

한마디로 아이의
미래를 바꾸는 기적의 대화법

B 북폴리오

1만 명이 넘는 범죄자로부터 배운 것들

범죄와 비행, 문제 행동은 그 사람이 '자라온 가정환경'과 큰 관련이 있습니다. 가정환경이 문제라고 하면 흔히 학대나 방임, 빈곤 등을 떠올리는데, 그런 문제만 존재하는 건 아닙니다. 부모가 자식을 위한답시고 무심코 던진 말이 '저주의 말'이 되어 아이의 미래를 무너트리는 경우도 많기 때문입니다. 1만 명이 넘는 범죄자와 비행청소년의 심리를 분석하다 보니 이렇게 확신하게 되더군요.

저는 현재 대학에서 아동심리학을 가르치고 있는데, 이전에는 법무성*에서 일했습니다. 법무성의 심리직으로 아오모리, 요코하마, 고치, 마쓰야마 이렇게 네 군데의 소년분류심사원과 중대 범죄

---

* 일본의 행정기관 중 하나로, 대한민국의 법무부에 해당한다.

자를 모아놓은 미야기교도소, 그리고 일본 최대 규모의 도쿄교도소에서 근무했습니다. 이외에도 여러 현장을 돌아다니며 범죄심리를 분석했죠.

지금까지 심리를 분석한 범죄와 비행의 유형은 매우 다양합니다. 제가 도쿄교도소에서 근무하던 당시는 범죄 건수가 2차 세계대전 이후 가장 많은 시기였죠. 그래서 소매치기범부터 옴진리교[*] 신자, 조직폭력배, 대규모 절도단, 외국인 범죄집단 등 모든 종류의 범죄에 관한 심리 분석을 진행했습니다. 또 미야기교도소는 무기징역을 포함한 장기 수감자를 수용하는 곳이었기에 그곳에서는 강도, 강간, 살인, 테러, 보험금을 노린 살인 등 흉악 범죄자들의 심리 분석을 했습니다. 소년분류심사원에서는 소매치기 같은 단순 범죄부터 각성제 사용, 살인에 이르기까지 다양한 비행을 일으킨 아이들의 심리를 분석했습니다. 무수한 해가 지났음에도 지금까지 기억에 선명하게 남아 있는 사건들이 참 많습니다.

범죄는 결코 용서받을 수 없는 일이지만, 비행청소년들을 보고 있으면 어떤 의미에서는 아이들이 부모를 비롯한 어른들의 '희생

_____

[*] 일본의 사이비 종교로, 1995년 도쿄 지하철에 독가스인 사린을 살포하는 화학 테러를 저지르며 세상에 알려졌다.

양' 같다는 느낌이 들 때가 있습니다. 아무 이유 없이 아이가 제멋대로 나쁜 길로 빠진 건 아니니까요.

앞에서 한 이야기의 반복이지만, 겉으로는 별다른 문제가 없는 것처럼 보이는 평범한 가정에서 부모가 '아이 잘되라고' 한 일이 '잘못 끼운 단추'처럼 어긋나며 문제가 되는 경우가 많습니다. 물론 아이를 범죄자로 만들고 싶은 부모는 이 세상 어디에도 없겠죠. 아이의 비행 사실이 밝혀지고 나면 "말도 안 돼요. 어떻게 우리 아이가…"라며 큰 충격을 받는 부모가 대부분입니다.

주위에서도 '그렇게 착한 아이가 도대체 왜?', '보기만 해도 부러울 만큼 이상적인 가족이었는데…' 하며 의외라는 반응을 보입니다. 하지만 아이의 비행 행동에 이르는 심리를 차근차근 따라가보면 반드시 '이유'가 있습니다.

어떻게 하면 우리 아이가 사회부적응을 일으키지 않고 행복하게 주도적으로 자기 삶을 꾸려나갈 수 있을까요? 어른들은 아이를 보살필 때 어떤 부분에 주의해야 할까요? 사실 1만 명이 넘는 범죄자와 비행청소년의 심리를 분석했다는 것은 그만큼 많은 실패 사례를 접해왔다는 뜻이기도 합니다. 저는 수많은 실패 사례를 접하면서 실패하지 않기 위한 방법뿐만 아니라 반대로 '어떻게 하면 성공할 것인가'를 생각해보게 되었습니다. 이는 모든 부모와 관계있는 일이자 모든 부모의 관심사이기도 할 겁니다.

그래서 지금까지의 제 경험과 지식을 한 권의 자녀교육서로 정리하기로 결정했습니다. 전문서적이 아닌 일반 가정을 위한 단행본 집필은 이번이 처음입니다. 어쩌면 이해하기 어려운 부분도 있을지 모르겠습니다. 그래도 이 책을 손에 든 당신에게 가치 있는 한 권이 되기 위해 제 나름의 최선을 다했습니다.

독자의 이해를 돕기 위해 본문 서두에는 아이들의 범죄·비행 사례를 실었습니다. 실제 담당한 사건은 비밀 엄수의 의무를 지켜야 하기에 말할 수 없습니다. 따라서 이 책의 사례는 픽션입니다. 실제 사건에 바탕을 두고 있지만 가명을 쓰는 것은 물론이고, 내용의 상당 부분은 2가지 사건을 섞거나 디테일한 상황을 바꾸거나 하는 식으로 특정 인물과 사건을 추측할 수 없게 재구성했습니다.

각 사례를 보면 아이의 가능성과 미래를 점차 어둡게 만드는 부모의 특징적인 '저주의 말'을 발견할 수 있을 겁니다. 이를 통해 평소 일상에서의 대화, 무심코 내뱉는 입버릇을 반추하고 내 아이에게 정말로 필요한 진심의 말을 건넬 수 있게 되기를 바랍니다.

데구치 야스유키

차례

1장

> **"**
> 그저 아이가 잘됐으면 해서
> 한 말인데
> **"**

부모의 한마디에
뒤바뀌는
아이의 미래

'내 아이 잘되라고 한 말'이 범죄로 이어질 수 있다면

본문에 들어가기에 앞서 아이를 키울 때 반드시 전제되어야 할 것을 이야기하려 합니다. 부모는 아이를 위해서라는 이유로 어릴 적부터 "이렇게 해", "그렇게 하면 안 되는 거야" 하며 온갖 간섭을 서슴지 않습니다. 인간은 성장하면 누구나 사회의 일원으로 생활하게 되고, 혼자서 살아갈 수 없기에 사회성을 체득해야 합니다. '남의 물건을 훔치면 안 된다', '주먹을 휘둘러서 누군가를 상처 입히면 안 된다' 같은 도덕은 부모가 가르쳐야 하는 행동 규범 가운데 하나죠. 아이가 사회에 나가서 곤란한 일을 겪지 않고 제 몫을 해낼 수 있도록 최소한의 사회 규칙을 가르치는 것 또한 부모의 역할입니다.

그러나 그동안 봐온 비행청소년의 부모 중에는 자기 책임은 전혀 없다는 식으로 아이를 방임하는 사람들이 존재했습니다. 그들은 아이가 어떤 문제 행동을 했을 때 시종일관 '아이가 한 일이니 내 책임이 아니다', '내가 아이의 일거수일투족을 다 알 수 없지 않느냐' 하는 방어적인 태도를 취하더군요. 부모의 이런 태도가 아이에게 좋은 영향을 줄 리 없습니다.

소년원 선생님(참고로 법무 교관이라 부릅니다)을 대상으로 조사한 데이터가 있습니다. 질문은 '소년원에 수용된 비행청소년의 부모에게 어떤 문제가 있다고 느끼는가?'였습니다. 가장 많은 답변은 '아이 행동에 대해 책임감이 없다(62.5%)'였습니다. 다음으로 '아이에게 꼼짝도 하지 못한다(50.2%)', '아이 행동에 무관심하다(49.1%)' 순으로 이어집니다. 이와 같이 전문가들은 아이 행동에 책임감 없는 부모의 태도가 가장 큰 문제라고 생각합니다.

이런 부모 밑에서 자라는 아이는 '책임'이 무엇인지 생각하지 못합니다. 자신의 잘못된 선택과 행동을 반성할 줄도 모르게 되죠. 그렇다면 아이의 주위를 맴돌며 모든 것을 챙겨주거나 일거수일투족 주시하며 잘못된 행동을 그때그때 고쳐주면 될까요? 이 또한 반대 의미로 부모의 무책임한 행동이라 볼 수 있습니다.

법무 교관이 본 보호자의 문제점

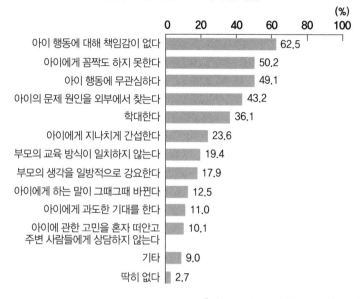

	(%)
아이 행동에 대해 책임감이 없다	62.5
아이에게 꼼짝도 하지 못한다	50.2
아이 행동에 무관심하다	49.1
아이의 문제 원인을 외부에서 찾는다	43.2
학대한다	36.1
아이에게 지나치게 간섭한다	23.6
부모의 교육 방식이 일치하지 않는다	19.4
부모의 생각을 일방적으로 강요한다	17.9
아이에게 하는 말이 그때그때 바뀐다	12.5
아이에게 과도한 기대를 한다	11.0
아이에 관한 고민을 혼자 떠안고 주변 사람들에게 상담하지 않는다	10.1
기타	9.0
딱히 없다	2.7

출처: 2005년 범죄백서 《소년비행》(법무성)

아이는 아이다운 행동을 하는 것뿐인데 부모가 보기에 맘에 들지 않거나 다른 아이들과 비교해 유별나 보일 때 대다수 부모가 아이 행동을 바로잡기 위해서 다급하게 소리를 지릅니다.

"이렇게 해!", "엄마 말 좀 들어!", "그렇게 하면 안 돼!"

부모의 외침은 아이를 옴짝달싹 못 하게 옥죄는 올가미가 될 수 있습니다. 내 말과 행동이 모두 제한되는 상황에 놓인다면 어느 누가 정상적인 사고를 할 수 있을까요.

"다 우리 애 잘되라고 한 말이죠."

비행청소년 보호자들에게서 이 말을 몇 번이나 들었는지 모릅니다.

"자식 교육을 포기한 것도 아니고, 학대한 적도 없고, 부족하지 않게 먹여 살리려 최선을 다해 살아왔다. 아이를 위해서, 내 아이 잘되라고 잔소리 좀 했을 뿐이다"라고 말하는 부모가 참 많았습니다. 그들은 경찰로부터 자녀의 범죄 사실을 들었음에도 충격받은 표정으로 "우리 아이가 그럴 리 없어"라는 말만 되풀이합니다.

그렇다면 잘되라고 한 부모의 행동과 말이 왜 아이의 비행과 범죄로 이어지는 걸까요?

객관적 사실과 주관적 현실의 차이

저는 지금까지 1만 명이 넘는 범죄자와 비행청소년의 심리를 분석해왔습니다. 앞으로 이어질 이야기들을 이해하기 위해서 범죄심리 분석이 무엇인지 간략하게 소개하겠습니다.

심리학은 과학의 한 분야입니다. 어떤 사실에 바탕을 두고 분석하는 학문으로 흔히 생각하는 점술이나 예언과는 다릅니다. 방송에 나가면 출연자들이 점을 보듯이 "제 심리를 맞혀주세요" 하며 기대의 눈빛을 보내고는 하는데, 심리는 '느낌'으로 맞히는 것이 아닙니다. 증거와 데이터에 바탕을 두고 분석해야 합니다.

범죄심리학자로 현장에서 하는 일을 이야기하자면 주로 '1대1 면담', '심리 테스트', '행동 관찰' 3가지로 이루어집니다. 면담 시간에는 대상자가 그동안 자라온 이야기, 가족, 학교생활 등에 관해 자세히 듣습니다. 특히 가정환경이 중요하기 때문에 가족 구성원 한 사람 한 사람이 어떤 사람인지를 차분하게 듣는 것부터 시작합니다. 당연히 한 번으로 끝나는 일은 없습니다.

왜 이런 일을 할까요? 과거 경험이 어떤 방식으로 그 사람의 인격 형성에 영향을 주었는지를 알아보기 위해서입니다. 이 과정을 생략하고는 심리 분석을 할 수 없습니다. 면담할 때 범죄 사건에 이르기까지의 과정에 관해서도 조사하기 때문에 "경찰의 취조와 비슷한 거 아닌가요?"라고 묻는 사람도 있는데, 완전히 다릅니다. 경찰이 하는 취조는 객관적 사실을 시간 축에 따라서 추적해가는 것이 기본입니다. '몇 시 몇 분에 어디에서 무엇을 했는가?' 묻고 진술을 기록하며, 이는 곧 재판의 자료가 됩니다. 여기서 중요한 개념이 '객관적 사실'입니다.

한편 범죄심리 분석에서 중요한 것은 '주관적 현실'입니다. 객관적 사실에 대해 조사하기도 하지만, 과거 경험을 본인이 어떻게 받아들였느냐에 더 큰 중점을 둡니다. 다른 사람이 볼 때는 별 볼 일 없는 사소한 일이었어도 당사자에게는 큰 충격인 경우가 있기 때문입니다.

예를 들어 부모가 자녀의 방문 앞을 지나가며 "좀 더 열심히 공부해야 하지 않겠어?" 하고 던진 한마디에 큰 심적 부담을 느끼는 아이도 있습니다. '좀 더 열심히 공부해야 하지 않겠어?'라는 부모의 말은 객관적인 사실이지만, 이를 '지금도 이미 힘들게 하고 있는데 역시 나는 뭘 해도 안 되는구나. 엄마 아빠는 나를 절대 인정해주지 않을 거야' 하고 받아들인 것은 아이의 주관적 현실이죠.

심리 테스트는 대상자의 특징을 알기 위한 검사입니다. 1대1 면담에서는 주관적 현실에 주목하고, 동시에 심리 테스트를 통해 객관적인 측정과 평가도 진행합니다. 몇 가지 객관식 질문에 대한 답을 선택하면 '당신은 ○○한 사람입니다' 하고 결과가 나오는 게임 같은 심리 테스트는 아닙니다. 범죄심리 분석에서 실행하는 심리 테스트는 프로만 다룰 수 있는 전문적인 영역입니다. 테스트 결과를 해석하는 것도 심리 분석의 일입니다.

다음으로 행동 관찰을 진행합니다. 면담할 때는 대부분 조금이라도 죄의 책임에서 벗어나려고 좋은 사람인 척 가장하거나 반성하는 듯한 낮은 자세를 보입니다. "제가 이럴 줄은 정말 꿈에도 몰랐습니다. 그 순간 정신이 나갔었는지 저도 모르게 미친 짓을 저지르고 말았습니다. 앞으로는 마음을 다잡고 성실하게 살겠습니다" 하며 눈물로 호소하던 사람이 혼자가 된 순간 바닥에 뒹굴뒹굴하며 "웃기고 있네!"라고 코웃음을 친 경우도 있습니다. 그런 사례는 차고 넘칩니다. 따라서 면담 시간을 제외한 평소 모습을 관찰하는 것도 매우 중요합니다.

가정법원에서 정밀한 조사를 요청하는 비행청소년의 경우, 소년 분류심사원에서 약 4주에 걸쳐 심리 분석을 실시합니다. 그 결과를 바탕으로 가정법원에서 처분이 결정됩니다.

문제 아이들도 교화될 수 있어요

이처럼 다면적인 심리 분석을 통해 대상자 한 사람 한 사람에게 시간과 노력을 들이는 이유는 교정·교화 프로그램에 활용하기 위해서입니다.

범죄심리학은 '왜 그런 범죄가 일어났느냐를 분석하는 학문'이라는 오해를 자주 받습니다. 물론 범죄 원인을 조사하는 일도 중요하고, 왜 범죄를 저질렀는지 심리 분석도 해야 하지만, 이것이 범죄심리학의 주된 목적은 아닙니다.

범죄심리학의 목적은 '교화'를 위한 지침을 제시하는 일입니다. 죄를 지은 사람이 잘못을 뉘우치고, 사회에 복귀한 후 건강하고 자율적으로 살아갈 수 있도록 교육하는 일이죠. 범죄심리학자들은 교정·교화 프로그램을 만들기 위해 천천히 시간을 들여 심리 분석을 하고 있습니다. 그리고 프로그램은 사람마다 다르게 맞춤형으로 제작됩니다.

잘 알려지지는 않았지만, 소년원에 한정해 말하자면 일본의 교화율은 매우 높습니다. 2021년 법무성 자료에 따르면, 소년원을 나온 뒤 5년 이내에 다시 범죄를 저질러서 교정시설로 돌아오는 비율은 약 15%입니다. 즉 단순하게 계산하자면 80%에서 90%가 교화되고 있는 셈이죠.

애초에 소년원에 보내지는 아이의 수 자체도 적습니다. 가정법원에서 다루는 비행 사건 약 4만 4,000건 가운데 소년분류심사원 입소자는 약 5,200명, 소년원에 입소하는 청소년은 약 1,600명입니다. 즉 소년분류심사원까지 가는 것은 전체의 12%, 소년원까지 가는 것은 전체의 4%에 불과합니다.

훈방 조치를 취했을 때 또다시 비슷한 범죄를 저지를 우려가 있다고 판단되는 심각한 문제의 아이들만이 소년원에 들어가는데, 이후 사회에 복귀해서는 거의 대부분 재범 없이 생활합니다. 이렇게 생각하면 정말 놀랄 만한 숫자 아닌가요.

심리 분석 결과에 바탕을 둔 적확한 교정·교화 프로그램과 아이를 보호하는 법무 교관 및 여러 전문가들의 세심한 교육 실천이 효과를 거두었다고 말할 수 있습니다.

과격한 표현이긴 하지만 '사람은 고쳐 쓰는 게 아니다'라는 말이 여기저기서 흔하게 들립니다. 사람은 절대 변하지 않는다는 믿음을 가진 이도 많습니다. 그래서 아이들의 범죄 행위를 보고 올바른 길로 인도하기보다 '애들은 답이 없어' 하며 교육하기를 포기하는 사람도 있습니다.

물론 유전과 유년기 환경이 사람의 본질적인 특성을 형성한다는 사실에 동의하나, '절대 변하지 않는다'의 '절대'라는 표현에는 동의하기 어렵습니다. 우리는 수많은 선택을 하며 하루하루를 살아갑니다. 그래서 자기 주변에 형성된 환경에 따라 관성대로 또는 휩쓸리듯 살아갈 수도 있지만, 스스로 환경을 바꾸거나 삶을 변화시키는 선택을 할 수도 있습니다. 선택은 평생에 걸쳐 이뤄지죠.

철저한 심리 분석을 바탕으로 제대로 된 교육을 제공한다면 아무리 '답이 없는 녀석' 취급을 받는 아이라도 달라질 수 있습니다. 저는 이런 신념으로 일해왔고, 실제 아이들을 온몸, 온 마음으로 부딪치며 인도하는 소년원 선생님도 같은 마음일 겁니다.

아이를 위한 말이 오히려 독이 될 때

솔직히 말하면 변화가 더 힘든 쪽은 아이의 보호자입니다. 아이는 얼마든지 달라질 수 있습니다. 하지만 부모가 달라지기를 거부하면 아이의 교정·교화는 어려워집니다.

저는 비행청소년과 보호자 사이에서 그들의 이야기에 귀 기울이며 수많은 문제에 관여해왔습니다. 그 가운데는 '자녀가 하는 말을 부정하지 말고 일단 끝까지 들어준 다음에 부모의 진심을 전하며 지도해보라'고 조언했을 때, 자신의 육아 방식이 아이를 오히려 힘들게 만들었다는 사실을 깨닫고 조언대로 변화한 모습을 보여주는 부모도 있었습니다. 그들은 자녀가 끝까지 이야기를 할 수 있도록 차분히 기다려주고는 "그동안 네 마음을 몰라줘서 정말 미안해" 하며 솔직하게 사과를 건넸습니다.

이처럼 부모가 먼저 변화하기를 받아들이면 문제 아이들의 교정·교화는 별로 어렵지 않습니다. 자신이 죄를 저질렀다는 사실이 몹시 무겁고 두렵기는 하지만, 부모의 진심 어린 사과를 계기로 좋은 방향으로 나아갈 수 있습니다.

그러나 똑같은 조언을 전해도 결코 들으려 하지 않는 부모도 있습니다. "저한테는 제 나름의 교육 방식이 있어요. 우리 애에 대해 얼마나 안다고 그렇게 말하는 거죠?", "우리 애 문제는 말 안 해도 알아요. 근데 대체 제가 뭘 그렇게 잘못했다는 겁니까?"라며 화를 내는 사람도 있는 것이 현실입니다.

부모가 자녀에게 한 행동과 말에 대해 '아이를 위한 일을 한 것 뿐이다'라고 굳게 믿고 있으면 '사실은 그게 아이한테는 달갑지 않은 일이었다'라는 말을 납득하기가 어렵겠죠. 그 마음도 이해합니다. 하지만 부모가 옳다고 믿는 일이라도 아이에게는 맞지 않은 경우가 있습니다. 첫 단추를 잘못 끼우면 마지막에 걷잡을 수 없는 상태가 됩니다. 그렇다고 잘못을 수습하지 못한다는 얘기는 아닙니다. 시간과 정성을 들여 첫 단추까지 모두 푼 다음 다시 끼우면 됩니다.

부모라면 누구나 착각에 빠질 수 있습니다. '아이 잘되라고', '아이를 위해서', '나 좋으라고 하는 거 아냐'라는 말이 입 밖으로 나오려 할 때 '정말 그럴까?' 하고 스스로를 돌아보세요. 중요한 것은 아이 입장에서의 '주관적 현실'입니다. 아이는 부모의 말과 행동을 어떻게 받아들였을까요? 이 점을 몇 번이고 강조하고 싶습니다.

자녀교육에 걸림돌이 되는 확증편향

대부분의 부모는 '확증편향'이 있어 자녀교육 방침을 수정하기가 어렵습니다. 확증편향이란 심리학 용어로 자기 생각과 일치하는 정보만을 무의식중에 모으는 것을 말합니다. 자기 생각을 지지하는 정보에만 눈이 가고, 반대되는 정보는 외면합니다. 오랫동안 지켜온 믿음일수록 오류를 인정하기가 어렵고, 그 결과 편견과 아집이 단단히 굳어져서 치우친 판단을 하게 되죠.

 이는 자녀교육 방침뿐만 아니라 정보를 대하거나 사람을 대할 때도 일어납니다. 사람은 누구나 어느 정도의 확증편향성을 가지고 있기에 의식하지 않으면 인지적 편견에 잘 빠져듭니다. 자신과 주변에서 일어나는 일을 객관적으로 판단하기보다는 주관적인 생각과 감정에 맞춰 해석하는 일이 많습니다. 균형 잡힌 사고를 하려면 자신과 다른 생각을 알고 수용하려는 의식적인 노력이 필요합니다.

자녀교육에 관해서는 특히 확증편향이 작용하기 쉽습니다. 가족 안에서 벌어지는 일은 좀처럼 끼어들 수 없는 사적인 영역이라 주변에서 가타부타하기가 어렵기 때문입니다. 아무리 아이의 부모와 친한 관계나 가족이라 할지라도 함부로 의견을 꺼냈다가는 쓸데없는 참견이라는 핀잔을 듣겠죠. 굳은 표정으로 "그건 우리가 알아서 할게요. 우리 집에는 우리 집만의 방식이 있어요"라고 말하는 걸 듣고 난 후에는 서로가 불편해져서 입을 꾹 닫을 수밖에 없습니다. 학대나 폭력 같은 일이 아니라면 외부에서 개입하기 힘든 게 가정 문제죠.

이렇듯 가정은 어떤 의미에서는 폐쇄적인 공간입니다. 그 안에서 '우리 아이에게는 이게 좋다' 또는 '우리 아이에게는 이게 부족해'라고 확신하면 객관적인 정보는 눈에 들어오지 않습니다. 그러면 어떻게 될까요? 아이가 보내는 SOS 신호를 눈치채지 못하게 됩니다.

아이는 속으로 '엄마가 나를 더 챙겨줬으면 좋겠다', '아빠한테 칭찬받고 싶은데'라고 생각해도 자기감정을 직접적으로 전달하기 어려워집니다. 대신 사소한 말대답을 하거나 반대로 입을 다물거나 해야 할 일을 하지 않는 등의 작은 반항적인 행동으로 표현하죠. 그렇게 되면 무엇이 아이가 보내는 SOS 신호인지 알아차릴 수 있을까요?

부모가 지나친 확증편향을 경계해야 하는 이유입니다. 보호자이자 어른이라는 이유로 자기 생각과 논리만을 내세운다면, 아이들은 결국 불만이 폭발할 수밖에 없습니다. 아이러니하게도 잘되라고 한 말과 행동이 오히려 아이가 잘못된 문제 행동을 하게 부추기는 독이 되는 것입니다.

물론 부모가 하는 지금의 양육 방식으로 아이가 잘 자라는 경우도 있겠죠. 아이가 문제 행동을 하지 않는다면 괜찮습니다. 다만 아이를 대하는 일에는 부모의 확증편향이 작용하기 쉽다는 사실을 꼭 알아두었으면 합니다.

잘못 끼운 단추를 바로잡는 법

부모가 확증편향에서 빠져나오려면 아이를 위해서 하는 말과 행동이 사실은 일방적인 강요가 아닌지 검토해봐야 합니다. 어렵게 생각할 필요는 없습니다. 부부가 마음을 터놓고 대화를 자주, 그리고 잘 나누면 됩니다. 다른 사람의 견해를 알면 자기 생각에 편향된 부분이 있다는 사실을 깨달을 수 있습니다.

예를 들어 아내는 '아이를 다양한 학원에 보내야 한다. 다채로운 경험을 통해 아이가 무엇을 좋아하고 잘하는지 자기 재능을 일깨울 수 있게 이끌어줘야 한다'라는 자녀교육관을 가지고 있다고 해봅시다. 한편 남편은 '아이가 많은 학원을 다니느라 친구들과 놀 시간이 줄어드는 건 가엽다. 초등학교에 다닐 때만이라도 아이가 자유롭게 놀며 감성과 유대감을 키우는 게 더 중요하다'라고 생각할 수 있습니다.

이는 우리 주변에 흔히 있는 상황입니다. 부부는 각자의 인생을 살아온 다른 인간이기에 가치관이나 생각이 같지 않은 것은 당연합니다. 자녀교육 방침이 일치하지 않는 일은 얼마든지 생길 수 있습니다. 이럴 때는 부부가 대화를 통해 '그렇게 생각할 수도 있겠구나' 하며 서로의 입장을 이해해보고, 무엇이 진정으로 아이를 위한 것인지 적당한 타협점을 찾는 게 좋습니다.

아이와 부모가 함께 모여 가족회의를 하는 것도 좋은 방법입니다. 그러면 아이도 부모로부터 자신이 충분히 인정받고 있다는 느낌을 경험합니다. 어느 상황에서든 대화를 나누는 과정 자체가 문제를 돌파하는 가장 효과적인 해결책이 될 수 있습니다.

아이에게 최악의 결과를 가져오는 일은 부모가 각자 다른 방침으로 자녀를 교육하는 것입니다. 아이가 어릴수록 부모가 하는 말과 행동의 속뜻을 이해하지 못하고 고스란히 받아들이는데, 서로 다른 교육관은 자연히 아이에게 혼란으로 이어집니다.

어떤 상황에서 아빠는 혼을 내고 엄마는 달래주는 모습을 볼 수 있습니다. 반대의 경우도 많죠. 이런 일이 반복되면 아이는 부모를 대하는 가짜 모습을 만들게 됩니다. 단순하게 말하면 '엄마에게만 보이는 얼굴', '아빠에게만 보이는 얼굴'로 자기 모습을 분리하는 거죠.

이를 아이가 인간관계에서 능숙하게 대처하는 것으로 오해하는 부모도 있는데, 자기 모습을 나누는 건 아이가 속마음을 숨기고 부모의 눈치를 보며 스스로를 제한하는 행동입니다. 이런 일을 계속할 수 있을 리가 없습니다. 결국 아이에게 큰 스트레스를 주어 폭발하고 마는 것이죠.

소년원에 들어간 아이들의 보호자를 상대로 설문조사를 실시했습니다. '본인 가정의 문제점이 무엇이라고 생각하느냐'라는 질문에, '부부의 자녀교육 방침이 일치하지 않았다'를 선택한 사람이 많았습니다. 가장 많은 답변은 '아이에게 잔소리를 많이 했다'로, 어머니의 69.3%가 응답했습니다.

여기서 주목해야 하는 사실은 자녀교육 방침이 일치하지 않는 점을 불만스럽게 생각하는 부부의 모습입니다. 조사에서 어머니는 대체로 '나는 아이의 성장과 미래를 위해 열심히 하고 있는데, 남편은 아이를 돌보기는커녕 어릴 적부터 육아에 협조하지 않아 아이에 대해서 아무것도 모른다'라고 생각하며 아이에게 점점 더 집착하고 참견하는 경향이 나타났습니다. 본인이라도 나서서 아이를 지도하지 않으면 안 된다고 생각하는 거죠. 그야말로 편향이 강화되었다고 할 수 있습니다.

실제로 면담에서 "자녀교육에 대해 두 분이 제대로 대화를 나누신 적이 있나요?"라고 물으면 "그 사람한테 말해봤자 들으려고 하지도 않는다니까요?"라며 불만과 불신을 드러내는 사람이 적지 않습니다. 그러면서 서로 '상대방 잘못'이라고 주장합니다. 이래서는 자신의 편향을 깨닫느냐 마느냐 하는 차원의 문제가 아니죠. 이미 아이에게 안 좋은 영향을 주고 있으니까요.

부부가 문제를 회피하지 않고 대화를 더 많이 나누려 조금이라도 노력했다면, 비행청소년 대부분이 실수나 사고를 넘어 회복하기 힘든 위험한 상황으로까지 가지는 않았을 겁니다. 부모의 생각이나 교육관이 일치하지 않는 것 자체는 문제가 아닙니다. 오히려 그게 정상입니다. 두 사람의 생각이 일치하지 않아도 좋으니 대화를 나누는 실천과 과정이 중요합니다.

한부모 가정이라 대화를 나눌 상대방이 없다면 공공기관과 상

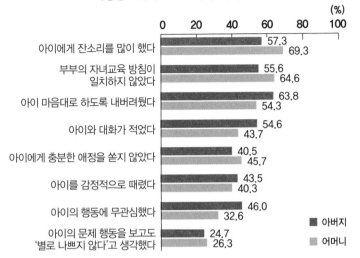

비행청소년의 보호자가 후회하는 일

항목	아버지	어머니
아이에게 잔소리를 많이 했다	57.3	69.3
부부의 자녀교육 방침이 일치하지 않았다	55.6	64.6
아이 마음대로 하도록 내버려뒀다	63.8	54.3
아이와 대화가 적었다	54.6	43.7
아이에게 충분한 애정을 쏟지 않았다	40.5	45.7
아이를 감정적으로 때렸다	43.5	40.3
아이의 행동에 무관심했다	46.0	32.6
아이의 문제 행동을 보고도 '별로 나쁘지 않다'고 생각했다	24.7	26.3

출처: 2005년 범죄백서 《소년비행》(법무성)

담해보기를 추천합니다. 부모나 형제 가운데 한쪽 보호자 역할을 대신해줄 사람이 있으면 좋겠지만, 아이 문제를 정말 허심탄회하게 털어놓고 이야기할 수 있을지 생각해보면 아무래도 쉽지 않죠. 전문가의 역할은 이럴 때 빛을 발합니다.

사람들은 감기 증상이 조금만 나타나도 망설임 없이 내과를 찾아가면서, 심리상담소나 정신건강의학과의원을 방문하는 것은 두려워합니다. 똑같은 목적의 의료기관인데 말이죠. 가정에 심각한 문제가 없더라도 자신의 육아나 교육 방식이 괜찮은지 알고 싶다면 전문가와 상담해보기를 적극 추천합니다. 앞에서도 말했지만 잘못 끼워진 단추는 바로잡을 수 있습니다. 첫 단추를 풀 수 있는 용기만 있다면요.

자녀교육 방침을 수정할 때 반드시 알아야 할 것

부모는 자녀가 건강한 생각으로 자율적인 사회생활을 할 수 있게 지도하는 입장에 있습니다. 동시에 너무나도 사랑하는 우리 아이가 다른 누구보다 잘 커서 사회에서 활약하는 사람이 되기를 바랍니다. 이것이 바로 우리 집의 '자녀교육 방침'이 됩니다. 지금까지 이야기한 것처럼 부모는 확증편향에 빠지기 쉽기 때문에 이따금 자녀교육 방침을 재검토하는 일이 필요합니다.

물론 모든 부모가 명확한 자녀교육관을 갖고 아이를 대하지는 않을 겁니다. 부모 자신이 자라온 과거 환경과 경험을 그대로 아이에게 적용하거나 또는 그와 반대의 경우로 아이를 키울 때가 많습니다. 별다른 신념이 없어 친구나 이웃들에게 그때그때 추천받은 방법을 따라 해보는 사람도 있죠. 이들에게 바로 즉시 자녀교육 방침을 재검토해야 한다고 말해도 감을 잡지 못할 겁니다.

게다가 지금은 정보가 차고 넘치는 시대입니다. 많은 어머니가 방송에서 '이 육아법이 좋다'고 추천하면 따라 하다가 또 다른 전문가의 육아법이 유행하기 시작하면 자연스레 갈아탑니다. 정보가 너무 많다 보니 자기만의 방침을 정하는 게 어려울 수밖에 없죠.

이처럼 자기만의 자녀교육 방침이 있거나 없거나, 명확하지 않은 모든 부모에게 전하고 싶은 말이 있습니다. '부모 자식 사이의 신뢰가 그 무엇보다 중요하다'는 것입니다.

아무리 올바른 방향의 자녀교육 방침이라도 빈번하게 바뀌는 것은 아이에게 좋지 않습니다. 매번 말이 이랬다저랬다 변덕이 심한 사람을 신뢰할 수는 없는 법이니까요. 그보다 더 좋지 못한 행동은 아이에게 충분히 설명하시 않고 부모 마음대로 지녀교육 방침을 바꾸는 일입니다. 이유도 모른 채 갑자기 달라진 부모의 모습을 보면 아이는 신뢰를 잃습니다.

이 책에서 소개하는 모든 범죄 사례의 아이들은 부모를 불신하고 있었습니다. 부모를 시작으로 사회 전체를 향한 불신과 깊은 소외감을 느꼈습니다. 부모는 아이가 태어나 가장 처음 만나는 사람이자 사회인데, 그들을 신뢰할 수 없다면 얼마나 불안정한 상태가 될까요.

아이가 부모를 비롯한 '어른'을 신뢰할 수 없다고 느끼는 건 매우 안타깝고 불행한 일입니다. 소년원 선생님들은 아이들에게 믿음을 다시 심어주기 위해 끊임없이 노력합니다. 체계적인 교육 프로그램은 물론 사람과 사람으로 마주 보며 '어른은 적이 아냐. 신뢰할 수 있는 어른도 있어'라는 사실을 가르칩니다. 아무리 훌륭한 교육법이라도 아이가 어른을 신뢰하지 못하면 효과가 없습니다.

그렇기 때문에 소년원에서 교정·교화 프로그램을 중간에 변경해야 할 때는 반드시 아이에게 설명을 해줍니다. 심리 분석에 근거해 정성껏 개별적인 교육 방침을 정하지만, 정답이 아닐 수도 있습니다. 아이들을 지도하다 보면 처음보다 더 나은 방법을 찾을 수 있기에 변화에 앞서 늘 아이들과 충분한 대화 시간을 가집니다.

소년원이나 가정이나 예외는 없습니다. 아이에게 설명도 없이 부모 맘대로 방침을 바꿀 바에는 아예 바꾸지 않는 편이 낫습니다.

만약 형제가 있는 가정에서 큰애에게 "형이니까 정신 똑바로 차려. 동생한테 모범을 보여야지"라고 말해왔는데, 이런 말이 아이에게 큰 압박감을 준다는 사실을 깨달았다면 어떻게 해야 할까요? 재빨리 말을 바꿔서 "주변 사람들이 뭐라고 하든 신경 쓰지 말고 네가 하고 싶은 대로 해. 그래도 괜찮아"라고 하면 될까요?

그러면 아이는 어떨까요. 부모는 자기 잘못을 받아들이고 정정했으니 속으로 뿌듯해하겠지만, 아이 입장에서는 무척 당황스러울 겁니다. '지금까지 형 역할을 제대로 하라고 늘 혼났는데 그건 뭐가 되는 거지?' 하며 부모에 대한 불신이 커지겠죠.

신뢰받는 부모가 되기 위해서는 아이에게 이렇게 이야기해주는 게 좋습니다.

"지금까지 너에게 형의 역할만 기대하고 강요하는 말을 해서 미안해. 네가 참 부담스러웠을 텐데 엄마 아빠가 그 점은 정말 잘못했어. 우린 무엇보다 자식인 네가 행복하기를 바라니까 이제 그런 말은 하지 않을게. 너희는 형제지만 서로 다른 사람이고 각자 멋진 성격과 개성이 있어. 그러니 앞으로는 네 개성을 마음껏 펼쳤으면 좋겠어."

아이가 어리면 어차피 얘기해봤자 이해하지 못할 거라고 생각할 수 있는데, 그렇지 않습니다. 물론 세세한 부분까지는 모를 수 있지만 부모가 자기에게 무슨 말을 전하고 싶은지 나이가 어려도 이해합니다. 무엇보다 자신을 있는 그대로 보고 인정해준다는 걸 느끼며 아이는 마음속 깊이 안심합니다.

아이에게 설명해주려는 노력, 그게 가장 중요합니다.

부모 역시 틀릴 때가 있기 마련입니다. 틀렸다고 부끄러워할 필요는 없습니다. 완벽한 인간이 없듯이 익숙한 부모도 없으니까요.

이 책을 보며 지금까지 아이에게 하던 자기 말과 행동이 잘못되었다는 사실을 깨닫는다면, 그래서 더 나은 방법으로 변화하고자 한다면, 아이에게 설명해주세요. 귀찮다는 이유로 대충 얼버무리려하지 말고 친절하게 설명해야 합니다.

부모와 자식 사이에 신뢰가 있으면 함께 인생을 살아가며 겪게 되는 온갖 위기와 갈등을 원만하게 극복해나갈 수 있습니다.

"다 같이
사이좋게 지내"

아이의
멋진 개성을
파괴하는 말

죄명

절도

친구들과 장난삼아 서점에서 잡지 26권을 훔치다

와타루는 지극히 평범한 중학교 2학년입니다. 성적은 중간쯤이고, 반 친구들과 두루두루 사이좋게 지냅니다. 지금까지 특별히 무시당하거나 따돌림당하는 일도 없었습니다. 동아리 활동으로 축구를 하는데, 초등학교 때부터 지역 스포츠클럽에서 주전 선수로 뛰었죠.

그런 와타루의 고민은 자기주장을 하지 못한다는 것입니다. 부모님이 말버릇처럼 "다 같이 사이좋게 지내야 한다"라고 했기 때문에 자기도 모르게 친구들 기분을 살피게 되었습니다. 또 자기 의견을 말하기 전에 '친구들은 어떻게 생각할까? 싫어하면 어쩌지?' 하며 눈치를 보았습니다. 초등학교 때 축구팀 유니폼을 맞추고 싶다고 부모님에게 말했다가 혼난 뒤로는 자기 생각을 말하기가 두려워졌습니다.

그 후에도 뭔가를 요청하거나 제안하려고 하면 부모님은 "그걸 왜 너 혼자서 결정하려고 하니? 다른 사람 의견도 들어보고 정해야지" 등의 말로 와타루의 의견을 부정했습니다. 그런 일들이 쌓이자 와타루는 하고 싶은 일이 있어도 '어차피 우리 부모님은 찬성해주지 않을 거야'라는 생각이 앞서서 무엇이든 적극적으로 행동하지 못했습니다.

그렇게 중학교 2학년에 올라갔는데 초등학교 시절부터 성격이 잘 맞지 않던 신지와 같은 반이 되었습니다. 신지는 자기주장이 분명한 리더 유형으로 축구부에서 차기 주장이라고 불렸습니다. 신지는 와타루가 마음에 안 들었는지 걸핏하면 트집을 잡고 "할 말 있으면 해보시든가"라며 시비를 걸었습니다. "아무것도 아니야…"하며 충돌을 피하려는 와타루가 오히려 거슬렸는지 신지의 공격적인 행동은 점점 더 심해졌습니다. 축구를 할 때 일부러 다리를 건 적도 있죠.

와타루는 스트레스가 커져서 축구 동아리를 자주 빠졌습니다.

"무슨 고민이라도 있어?"

방과 후 교실에서 시무룩한 표정으로 앉아 있었더니, 불량한 행동을 자주 해서 아이들에게 동경을 받는 미쓰야가 말을 걸어왔습니다. 미쓰야는 따지자면 운동회를 할 때 응원단장을 맡을 만한 아이로 모두가 멋지다고 인정하는 존재였죠. 와타루는 처음으로 속마음을 털어놓았습니다.

"사실 난 신지가 싫어. 자주 날 괴롭히기도 하는데 이걸 부모님께 알릴 수도 없고⋯. 딱히 말할 사람이 없네."

"왜 부모님께 얘기 못 하는데?"

"친구들이랑 사이좋게 못 지내는 건 내 인성에 문제가 있어서래. 동생이 보고 배울 수 있으니까 나한테는 친구랑 싸우지 말고 잘하라고만 하고."

"그렇구나⋯. 나는 싫은 녀석이 있어도 괜찮다고 생각하는데?"

그 후 와타루는 자기 이야기를 들어준 미쓰야를 따르게 되었습니다. 미쓰야가 "다음에 같이 서점 털러 갈래?"라고 제안했을 때는 나쁜 짓을 한다기보다 '미쓰야와 비밀을 공유한다'라는 설렘이 더 커서 주저 없이 받아들였습니다.

사실 미쓰야는 상습 절도범입니다. 돈이 궁해서가 아니라 물건을 훔칠 때 느껴지는 짜릿한 스릴에 빠져 있었죠. 처음에는 혼자 하다가 더 큰 스릴을 느끼기 위해 친구들과 훔친 물건의 양을 경쟁하는 놀이를 시작했습니다.

그 멤버들은 "훔친 물건은 팔지 않아. 얼마나 훔치나 겨루는 게임이니까. 나중에 돌려주면 되지, 뭐" 등의 말로 자신들의 비행을 정당화했습니다. 실제로 읽지도 않을 잡지와 책을 서점에서 훔쳐 그저 방구

석에 훈장처럼 쌓아둘 뿐이었습니다.

그렇게 와타루도 미쓰야의 친구 여럿과 대형 서점에서 책을 훔쳤고,

이런 일이 버릇처럼 반복되었습니다.

"다 같이 사이좋게 지내"라는 말의 뒷모습

와타루는 어릴 적부터 부모에게 "친구들과 다 같이 사이좋게 지내"라는 말을 들어온 터라 자기주장을 하지 못한 채 스트레스를 받았습니다. 와타루의 부모는 협동심이 중요하다는 가치관을 갖고 있었습니다. 이 가치관 자체는 전혀 나쁘지 않습니다. 다만 모든 일에서 협동심을 최우선으로 삼다 보니 와타루의 기분을 알아주지 않았던 것이 문제였죠.

와타루에게 '다 같이 사이좋게 지내'라는 말은 긍정의 조언이 아닌 '네 개성을 억눌러라'라는 메시지가 되고 말았습니다. 와타루에게 결정타를 날린 것은 초등학교 때 축구팀 유니폼을 맞추고 싶다는 바람을 부모에게 전했을 때 돌아온 대답이었습니다.

부모는 그저 다른 사람과 상의해서 결정하라는 뜻이었지만, 늘 다른 사람과의 관계를 우선시하라는 말을 주입식 교육처럼 들어왔기 때문에 '오지랖 부리지 마라'라는 의미로 받아들일 수밖에 없던 겁니다. '내가 원하는 것을 말하면 안 되는구나'라는 생각이 들게 만드는 가정환경이었죠.

와타루는 언뜻 보기에 교우관계가 원만하고 학교생활에 별다른 문제가 없는 것처럼 보입니다. 하지만 자신을 괴롭히는 신지를 싫어하고, 어울리고 싶지 않다는 고민을 안고 있었습니다. 어른이 봤을 때는 대수롭지 않은 일이지만, 본인에게는 아주 큰 문제입니다. 그렇게 좋아하던 축구 동아리를 자주 빠진 것이 와타루가 보낸 SOS 신호입니다. 이 무렵에는 와타루의 상태가 분명 예전과 달랐을 겁니다.

부모님이 이를 눈치채고 무슨 일이 있었는지 이야기를 들어주었더라면 어땠을까요? 그런데 하필이면 물건을 훔치는 나쁜 버릇이 있는 미쓰야가 말을 걸었죠. 미쓰야에게 처음으로 자기 진심을 털어놓으면서 둘은 급격하게 친해졌고, 평범하던 와타루가 눈 깜짝할 사이에 절도 그룹에까지 들어가고 말았습니다.

부모는 물론 주위에서는 '착하던 아이가 왜 그런 비행을 저질렀지?' 하며 무척 놀랐습니다. 와타루는 오랜 시간 부모로부터 정당한 자기주장을 허용받지 못했습니다. 주위 반응을 자기 의견보다 먼저 살피며 생활하는 아이는 '자기결정'이 매우 약합니다.

자기결정이란 인생의 주체자로서 외부 영향이나 간섭에서 벗어나 스스로 선택하고, 또 선택한 것에 책임을 지는 능력을 말합니다. 다른 사람에게 맞추는 건 잘해도, 다른 사람을 공정하게 비판적인 시야로 보지 못하기 때문에 '이건 나쁜 짓이니까 하지 말자'라는 판단을 내리지 못하는 것입니다.

친구들과 사이좋게 지내는 건 부모나 아이 모두에게 좋은 일이죠. 그런데 아이에게 "다 같이 사이좋게 지내"라고 말할 때 그 이면에는 어떤 뜻이 숨겨져 있을까요? 그 말 안에는 '학교생활에 문제가 생기면 골치 아파지니 두루두루 모두와 사이좋게 지내면 좋겠다'라는 부모의 사정이 있습니다.

2살짜리 어린아이가 아닌 이상 아이도 부모의 의도를 알고 있습니다. 부모의 바람대로 모두와 사이좋은 착한 아이로 자랐지만 마음속으로는 부모에게 자신이 중요하지 않다고 느낀 겁니다.

아이 역시 친구와 잘 지내고 싶습니다. 하지만 그러지 못할 이유가 있기 때문에 자기도 당황스러웠죠. 아이의 SOS 신호를 발견했다면, 부모가 나서서 문제를 해결해주려 하기보다 친구와 사이좋게 지낼 수 없을 때는 어떻게 해야 할지 '함께 생각해보자'는 자세로 이야기를 들어줘야 합니다.

첫 단추를 다시 끼우는 마음으로 이번 사례를 분석해봅시다. 아이가 자기 생각을 말하는 게 두렵다고 느낀 시점으로 돌아가보죠. 먼저 아이가 축구팀 유니폼 이야기를 꺼냈을 때 부모는 생각이 다르더라도 바로 '반대'하는 것이 아니라 이야기를 들어봐야 합니다. "왜 그렇게 생각하니?"라고 아이의 생각을 물어봐야 합니다. 그런 후에 혼내지 않고 차분한 어조로 이렇게 부모의 생각을 전하면 됩니다.

"아빠 엄마는 네 친구들 의견도 궁금하구나. 의견이 모이지 않은 채로 이 이야기가 길어지면 와타루가 축구 생각에 빠져 다른 데 집중하지 못할까 봐 걱정이 돼서 하는 말이야."

부모와 아이의 생각이 다를 수 있습니다. 아이의 말에 무엇이든 긍정하라는 말이 결코 아닙니다. 부모 생각대로 이번에는 유니폼을 맞추지 말자로 결론이 나더라도, 이후 와타루는 자기 의견을 말하는 것에 지금처럼 두려움을 느끼지는 않을 겁니다.

그다음으로 친구와 처음으로 문제 상황이 발생한 시점으로 돌아가보죠. 와타루는 신지와 자주 부딪치며 괴로운 고민이 생깁니다. 부모의 태도를 알기에 부모에게 솔직히 고백할 수도 없죠. 부모라면 아이가 축구를 하는 시간에 집에 오거나 흙이 묻지 않은 멀끔한 차림으로 하교한다면 뭔가 평소와 다르다는 것을 눈치챌 수 있었을 겁니다.

이때 역시 학교에서 무슨 일이 있었는지 취조하듯 묻지 않고 걱정이 된다는 말로 시작해야 합니다. 아이의 이야기를 듣고 나서 "그래도 사이좋게 지내봐. 그 친구랑 얘기해보면 의외로 잘 풀릴지도 몰라" 하는 식으로 아이의 감정보다 상대 아이를 두둔하는 듯한 말을 하는 건 최악입니다.

"세상에 그런 일이 있었어? 그딴 녀석이랑은 어울리지 마!"라는 말도 좋은 방향이 아닙니다. 부모가 지시할 일이 아니니까요. "이 녀석을 가만두나 봐라. 내가 학교에 가서 담판 짓고 올게!"라는 말도 조심해야 합니다. 아이가 더 난처해질 게 분명하니까요.

사이좋게 지내 vs 차별은 나쁜 거야

'다 같이 사이좋게 지내'라는 말은 사실 '입바른 말'입니다. 주위 사람 모두와 친하게 지내는 사람이 얼마나 될까요? 어른들도 껄끄러운 상사나 성격이 잘 안 맞는 동료 또는 부하직원 때문에 불평할 때가 많지 않나요? 아무리 노력해도 사이가 가까워지지 않는 관계가 분명 존재하기 마련이죠.

우리는 모두 주체성을 지닌 개별의 존재입니다. 자기만의 가치관을 가지고 있기 때문에 나와 맞지 않거나 불편한 사람이 존재하는 게 당연합니다. 상대방에게 무리해서 맞추려다가는 자기만 피곤해집니다. 맞지 않는 사람에게 억지로 맞출 필요도 없고, 굳이 친해지려고 할 필요도 없습니다. 사회생활을 하며 여러 시기를 보낸 어른이라면 고개를 끄덕이며 깊이 공감하시겠죠. 이는 '차별하면 안 된다'는 것과는 다른 이야기입니다.

차별이란 사람의 속성을 함부로 재단해서 부당하게 또는 낮게 취급하는 일을 뜻합니다. 예를 들어 반에 외국인 학생이 있는데 누군가 '그 애는 학급 임원으로 절대 뽑을 수 없어'라고 할 때 외국인이라는 이유로 다르게 취급하는 것이 차별입니다.

인간은 인종이나 민족, 성별을 뛰어넘어 모두가 행복하게 살 권리를 가지고 태어났습니다. 인권을 지키는 일은 무척 중요합니다. 아이에게도 한 사람 한 사람이 소중한 존재이며 부당한 취급을 받아서는 안 된다는 사실을 가르쳐야겠죠.

그러나 인권을 지키는 일과 '다 같이 사이좋게'라는 태도는 같은 의미가 아닙니다. '다 같이 사이좋게' 지내지 못하는 사람이 있어도 그 자체는 그 사람에게 아무런 문제도 되지 않습니다. 오히려 불편한 사람과 억지로 친해지려 노력하다 도리어 스트레스를 받거나 관계에 문제가 생길 수 있으니까요.

심리적 거리두기 배우기

내 주변에 좋아하는 사람만 있으면 더할 나위 없이 행복하겠지만 그렇지 않은 경우가 대부분입니다. 보통은 싫어하거나 함께 있으면 불편한 사람이 한두 사람은 끼기 마련이죠.

싫은 감정을 억지로 없앨 수는 없습니다. 좋고 싫은 감정을 맘대로 바꿀 수도 없습니다. 중요한 것은 내 감정을 인정하고 '싫은 사람과 어떻게 원만한 관계를 맺어나갈 것인가'입니다. 이때 열쇠가 되는 방법이 '심리적 거리두기'입니다.

싫어하는 사람이 물리적으로 가까운 곳에 있더라도 심리적으로 거리를 두고 있으면 스트레스가 적습니다. 극단적으로 이야기하자면 '가까이에 있어도 마음은 몇억 광년이나 떨어진 별에 있다'고 생각하며 크게 신경 쓰지 않고 지내는 것입니다.

말하기는 쉽지만 실제로는 어려운 게 바로 이 '심리적 거리두기'입니다. 내가 아무리 거리를 두고 적정한 안전선을 만들더라도 상대방이 선을 넘어 다가올 수도 있으니까요. 그럼 내 감정과 상관없이 상대방 감정에 끌려가며 또다시 스트레스를 받게 됩니다.

이웃들과 문제를 일으킨 사람의 심리 분석을 담당하던 때의 이야기입니다. 그 사람은 동네 한복판에 나와 매일같이 냄비를 두드리며 소음을 일으키고, 쓰레기를 여기저기 뿌려서 주택가를 더럽혔습니다. 자연히 주변 이웃 모두에게 미움을 샀습니다. 그런데도 그의 민폐 행동은 줄어들지 않고 점점 더 심해졌습니다.

심리 분석을 해보니 이웃 사람과 친해지고 싶어서 말을 걸었는데 무시당했다는 마음이 들어 벌어진 일이었습니다. 사소한 오해가 문제의 계기가 되는 경우가 많습니다. 친해지지 못하는 괴로움과 거절당했다는 억울함이 민폐 행동으로 표출된 것이죠.

문제를 일으킨 사람이나 문제에 휘말린 사람이나 심리적 거리를 제대로 두었더라면 큰일로 발전하지는 않았을 겁니다. 한동네에 사니 오가다 종종 마주치긴 하겠지만, 심리적 거리를 가지면 상대방이 크게 신경 쓰이지 않을 수 있습니다. 자주 마주쳐서 서로 얼굴을 인식하고 있다면, 다음에 지나칠 때 가볍게 고개를 끄덕이는 정도의 인사를 하면 됩니다. 같은 방향의 자석처럼 결코 붙지 않는 정도의 거리두기를 의식할 때 서로 좀 더 편안한 관계가 될 수 있습니다.

사람들은 왕래가 잦을수록 서로를 알아가며 자연스레 가까운 사이가 됩니다. 그런데 한쪽이 더 빨리 친해지고 싶다는 열망으로 급발진해서 거리를 좁혀오면 오히려 관계가 잘 형성되지 않습니다. 동네에서든 학교에서든 회사에서든 관계의 균형을 잡지 못해 생겨나는 문제가 많습니다. "진짜 꼴도 보기 싫어!"라며 스트레스가 폭발하는 이유 역시 심리적 거리가 지나치게 가까운 탓입니다.

사회생활을 하며 다양한 인간관계를 경험해온 대부분의 어른은 관계의 균형을 잘 잡습니다. 상대방에게 무조건 나를 맞추지도 않고, 그렇다고 상대방을 억지로 바꾸려 하지도 않고, 적당한 커뮤니케이션을 할 줄 알죠. 그러나 관계에 대한 경험이 적은 아이들은 적당한 심리적 거리 유지가 어렵습니다. 그렇기에 실패도 겪으면서 경험을 점차 늘려가는 것이 필요합니다.

와타루에게 성격이 안 맞는 신지와 '어떻게 사귀어갈 것인가' 또는 '어느 정도 거리의 관계를 만들 것인가' 하는 고민은 좋은 배움의 기회입니다. 인간관계의 문제를 풀어나갈 때는 부모의 조언도 중요하지만 아이 본인의 생각이 더 중요합니다.

아이가 "신지가 싫어요. 그런데 자꾸 나한테 말을 걸고 시비를 걸어요"라고 말할 경우 부모는 먼저 이야기를 찬찬히 들어준 뒤 "그 아이가 왜 그런다고 생각해?" 하며 아이의 생각을 이끌어내야 합니다. 부모의 조언은 아이 스스로 생각하도록 도와주는 역할이어야 합니다.

입바른 말을 경계해야 하는 이유

'다 같이 사이좋게 지내' 같은 입바른 말만 하면 반드시 문제가 생깁니다. 실제로 모두와 사이좋게 지내는 건 불가능에 가까운 일이므로 아이는 지키기 어려운 약속에 부담을 느끼고, 어떤 아이는 스스로를 자책하며, 또 어떤 아이는 친구관계의 불만을 부모를 향해 쏟아내기도 합니다.

'절대 거짓말을 하면 안 돼'라는 말도 마찬가지입니다. 다른 사람을 속여서 부당한 이익을 얻거나 상대방을 상처 주는 일은 결코 하면 안 되죠. 하지만 작고 사소한 거짓말은 누구나 합니다. "저는 태어나서 단 한 번도 거짓말을 해본 적이 없어요"라고 말한다면 그거야말로 터무니없는 거짓말이죠.

다른 사람에게 상처 주지 않기 위해 하는 거짓말이 있습니다. 자기 자신을 지키기 위해서 하는 거짓말도 있고요. "거짓말하는 아이는 나쁜 아이야, 그러니까 절대 거짓말하면 안 돼"라고 타이르듯 교육하는 장면을 주변에서 쉽게 봅니다.

'거짓말을 하는 아이는 나쁜 아이, 거짓말을 하지 않는 아이는 착한 아이'라는 인식을 강하게 심어주는 건 좋은 교육 방식이라고 할 수 없습니다. 어쩌다 거짓말을 하게 된 아이가 문제를 바로잡기보다는 부모에게 거짓말했다는 사실을 숨기기 위해 몇 번이고 거짓말로 거짓말을 덮게 되니까요.

니혼TV의 프로그램 중 〈The! 세계 깜놀 뉴스ザ!世界仰天ニュース〉에 출연한 적이 있습니다. 2022년 4월 방송한 '허세를 부리려 한 작은 거짓말이… 후배의 목숨을 빼앗다' 편을 해설했는데요.

사건을 일으킨 사람은 남을 잘 챙겨서 후배들이 따르던 30대 남성입니다. 이 이야기는 감염증 때문에 다리를 잃고 일을 하지 못하게 된 사연으로 시작합니다. 남자가 다리 수술을 하러 병원에 입원했을 때 자연스레 친해진 대학생이 있습니다. 대학생은 친절하고 잘 챙겨주는 남자를 가까이하며 자주 말을 걸고는 했습니다.

어느 날 남자는 자신을 따르는 대학생에게 더 믿음직한 모습을 보여주고 싶어서 '인터넷 사업으로 돈을 벌고 있다'는 거짓말을 했습니다. 사실 인터넷 사업에 손을 댄 적은 있지만 실패해서 빚을 떠안고 있는 상황이었는데 말입니다.

처음에는 그저 허세 섞인 작은 거짓말에 불과했습니다. 하지만 대학생이 인터넷 사업과 관련해서 자꾸 질문하자 사실을 바로잡지 못하고 계속해서 거짓말로 거짓말을 덮게 되며 문제가 커졌습니다. 어느 날 대학생이 아르바이트하던 곳이 문을 닫아 큰일이라고 고민을 털어놓았는데, 남자는 자기도 모르게 "그럼 우리 회사 일을 도와줄래?" 하며 근거도 실체도 없는 말을 내뱉고 말았습니다.

출근 당일이 되자 이러지도 저러지도 못한 남자는 '이 녀석을 죽일 수밖에 없다'라고 생각하기에 이릅니다. 본인보다 10살이나 넘게 어린 대학생을 살해한 그는 심지어 학생 지갑에서 9만 엔을 훔쳐 달아났습니다. 결국 남자는 강도살인죄로 무기징역 판결을 받았습니다.

이 범죄자를 직접 만나 심리 분석한 것은 아니지만 비슷한 수많은 사례를 분석하면서 공통점을 발견했습니다. 이들은 작은 거짓말이라도 정정하면 거짓말쟁이 취급을 받을 뿐 아니라 나의 인격 전체를 부정당하거나 무시당할지도 모른다는 공포심을 가지고 있다는 사실입니다.

"미안. 멋있게 보이고 싶어서 나도 모르게 거짓말을 했는데 사실은 인터넷 사업에 실패해서 빚이 있어"라고 말했다면 이런 비극은 일어나지 않았을 텐데, 그렇게 말하면 마치 자신의 모든 것을 부정당할 것처럼 느낀 거죠. 그 배경에는 비뚤어진 '자기현시욕'이 있습니다.

누구나 자신을 더 좋게 더 멋지게 나타내 보이고자 하는 욕심이 있지만, 실제 가진 것보다 더 크게 과장하거나 자랑할 만한 것을 남에게 드러내 보여주려는 지나친 욕구가 자기현시욕입니다.

이런 이들은 자신감이 없습니다. 어떤 사람과 친해지더라도 그에게 무언가를 사주거나 일을 소개해주거나 하는 등의 이익을 주지 않으면 자신을 계속 좋아해주지 않을 거라고 확신합니다.

이 사건에서 알 수 있듯 '절대 거짓말을 하면 안 된다'라는 말을 지나치게 많이 듣고 자란 아이는 자라며 괴로워하는 일이 생길 겁니다. 앞에서 말한 것처럼 누구나 작고 사소한 거짓말을 하게 되는 상황을 겪으니까요.

아이에게 절대로 거짓말하지 말라고 혼낼 게 아니라, 거짓말은 나쁜 거지만 만약 피치 못할 사정으로 거짓말을 하게 됐다면 잘못을 사과해야 한다고 말해주세요. 아이가 어쩌다 거짓말을 했을지 언정 부모에게 들켜 혼이 날까 봐 두려워하고 전전긍긍하지 않게 말이죠.

"그건 사실 거짓말이었어요. 미안해요"라고 말할 수 있는 분위기를 가정에서 형성해주는 게 중요합니다. 잘못했을 때는 문제를 바로잡으면 됩니다. 누구나 잘못하는 일이 있고, 잘못했다고 해서 인격적 가치가 떨어지지 않습니다. 거짓말을 사실대로 고백하고 정정하려면 용기가 필요합니다. 아이가 "그건 사실 거짓말이었어요. 미안해요"라고 말할 때 도리어 그 용기를 칭찬해주는 게 좋겠죠?

"첫째니까" 금지!

"형이니까 참아라", "언니니까 동생한테 양보해!"

이처럼 가정에서 특정 역할을 강요하는 말은 아이의 개성을 짓누릅니다. 요즘에는 전보다 많이 지양하는 추세긴 하지만, '남자니까 울지 마라', '여자니까 몸가짐을 조심해라' 하며 성별에 따른 역할을 기대하는 것 역시 마찬가지입니다. 아이의 개성과 성격을 무시하는 어른들의 말은 아이의 자유를 빼앗는 무거운 쇠사슬이 되기도 합니다.

저는 부모가 쥐여준 '역할의 무게'를 견디다 못해 잘못된 길에 들어선 청소년을 많이 만났습니다. 앞에서 소개한 사례의 와타루도 "형이니까 정신 똑바로 차려. 동생한테 모범을 보여야지"라는 부모의 말을 자주 들으며 큰 압박을 느꼈습니다. 그래서 '가족에게 한심한 모습을 보여선 안 돼', '나는 잘해야 한다'라는 주입식 생각이 강했죠.

출생 순서나 성별은 본인이 원한 것이 아닙니다. 그저 우연한 결과죠. 그럼에도 특정 역할을 강조하면서 '넌 첫째니까', '넌 여자니까'라고 하면 아이는 가슴이 답답해질 수밖에 없습니다. 부모의 기대에 부응하려 애쓰는 '착한 아이'일수록 자기 역할을 기대하는 독려의 목소리에 괴로움을 느낍니다.

'착한 아이'가 되어 자신을 억누르고 주어진 역할을 연기하려 할수록 무리가 오기 마련입니다. 물론 한편으로는 부모가 자신을 지켜보며 기대감을 가지니 기쁜 마음도 있습니다. 형으로서 모범이 되려고 공부를 나서서 하고, 학원도 열심히 다니는 아이들이 많습니다. 하지만 착한 아이 역할이 숨 가빠지기 시작하면 단숨에 자신감을 잃고 맙니다. 이렇게 자신감을 잃은 아이들이 정말 단순한 계기로 폭발한 사례가 심심치 않게 있습니다.

아이의 성격이나 개성에 바탕을 둔 올곧은 기대라면 괜찮습니다. '여러 사람의 의견을 귀담아듣고 친구들이 싸울 때 중간에서 잘 말리니까 멋진 리더로 성장하면 좋겠어' 같은 부모의 기대는 아이가 자기 개성을 발견하고 발전시키도록 돕겠죠.

'형이니까', '언니니까' 같은 표현은 아이가 자기 정체성과 고유의 멋진 매력을 깨닫지 못하게 누르는 말이니 입버릇으로 나오지 않도록 연습하기를 바랍니다.

가정에서도 일어나는 교도소화

'다 같이 사이좋게 지내'든 '누구누구랑 놀지 마라'든 아이의 감정과 인간관계를 무시하고 일방적인 지시를 반복하면 아이는 스스로 생각하기를 포기합니다.

교도소에서는 이를 '교도소화prisonization'*라고 하는데, 교도소 생활에 익숙해진 나머지 수감자들이 개별 인간성이나 적극성을 잃는

---

* 수감자들이 교도소 사회의 문화와 생활을 받아들이는 과정을 이르는 말.

것을 뜻합니다. 교도소에서는 언제나 교도관의 지시에 따라야 하므로 교도소화는 교도소에서의 삶에 적응한 결과라고 할 수 있습니다. 교도소에 1~2년쯤 있을 때는 심하지 않지만, 10년 정도 있으면 교도소화가 진행되어 사회생활에 적응하기 어려워집니다.

미야기교도소에서 근무하던 시절, 장기형을 마치고 가석방된 사람을 센다이역까지 데려다주고 신칸센에 태워 보내는 '승차 보호' 일을 한 적이 있습니다. 10년이면 강산도 바뀐다는 비유처럼 사회 시스템은 늘 변화하고 진화하기 마련입니다. 수감자가 오랫동안 교도소에 있다 나오면 어떻게 기차 티켓을 구매하고 타는지 모릅니다. 유선 전화기를 쓰던 시대에 살던 사람이 눈을 감았다 뜨니 스마트폰을 쓰는 시대로 순간이동된 것과 마찬가지죠. 출소자들의 사회 적응을 도와주기 위해 승차 보호 지도를 합니다.

센다이역에 도착해서 출소자에게 음료수를 사주려고 "여기서 기다리세요"라고 말한 뒤 매점에 다녀왔습니다. 매점에서 돌아와 보니 그가 역 플랫폼 벽을 향해 뒷짐 지고 눈을 감은 채 가만히 있는 게 아니겠습니까? "왜 그러고 있는 겁니까?" 하고 묻자 "기다리라고 하셔서…"라고 답하더군요. 우스갯소리 같지만 이런 일이 정말로 일어납니다.

다른 사람이 시키는 대로만 하면 제대로 된 사회생활을 할 수 없

습니다. 교도소에서 사회로 돌아가기 전에는 출소 후 해야 할 일이
나 일상생활을 미리 시뮬레이션하고 훈련합니다. 기다리라고 했다
고 직립 부동자세로 기다린 출소자만큼은 아니더라도 교도소에 오
래 있다 보면 스스로 일을 처리할 수 있는 능력인 '자주성'을 잃기
쉬운 게 사실입니다.

이와 비슷한 일이 가정 안에서도 충분히 일어날 수 있습니다. 부
모가 고압적인 태도로 대하며 아이 의견을 반복적으로 무시하면
가정이 바로 교도소화되는 것이죠.

협동심 있는 아이 vs 자기주장을 하는 아이

부모라면 대부분 아이가 남을 잘 배려하고 사람들과 사이좋게 어
울리기를 바랄 겁니다. 일본에서 전통적으로 중요시하는 가치관
가운데 하나가 바로 협동심입니다. 저 역시 주변 사람들과 마음과
힘을 하나로 합쳐서 만들어낸 자리가 편안하다고 느낍니다. 협조
적이고 주위 사람들과 적당히 맞출 줄 아는 것 또한 능력이죠.

그러나 글로벌화가 진행된 현대에는 주변과 맞출 줄만 알고 자
기주장을 하지 못하는 것은 마이너스 요소라는 인식이 있습니다.

법무성 시절 국제연합의 한 연구에 참여해 세계 각국의 우수한 관료들과 토론한 적이 있는데, 정말 엄청난 경험이었습니다. 모의 국제회의에서 각국 수완가들이 다른 사람 말을 끊으면서까지 저돌적으로 자기주장을 펼치는 모습을 보고 무척 놀랐습니다.

반면에 저를 포함한 일본인은 분위기에 압도당해 제대로 나서지 못했습니다. 주장하고 싶은 내용이 있었는데도 말입니다.

이때의 경험을 통해 여러 사람이 모인 자리에서 상대방 이야기를 경청하면서도 놓치지 않고 자기주장을 분명히 해야겠다고 생각했습니다. 모처럼 좋은 의견이 있어도 표현하지 못하면 알릴 수 없으니까요. 안타까운 일이죠.

일본에서 협동심을 중요하게 생각하는 가치관은 쉽게 변하지 않을 겁니다. 물론 협동심이 중요하다는 가치관은 나쁜 게 아닙니다. 이 부분을 거듭 강조하고 싶습니다. 다만 더 넓고 새로운 무대에서 활약할 아이들이기에 부모가 나서서 새로운 가치관도 열린 마음으로 받아들였으면 좋겠습니다.

아이가 혼자 할 수 있는 일은 알아서 하게 두고, 아이의 말에도 경청한다면 자기주장을 할 수 있는 단단한 마음을 갖게 될 겁니다. 주눅 들지 않고 자기 의견을 말할 줄 아는 것도 장점이고, 남과 잘 어울리며 협동하는 것도 장점입니다.

단점을 뒤집으면 장점이 된다

부모는 자기 가치관에 맞지 않는 말이나 행동을 하는 자녀의 모습을 보면 단점이라고 여기기 쉽습니다. 모나지 않은 성격으로 남들과 잘 어울리는 게 중요하다고 생각하는 부모는 아이가 자기주장을 강하게 하는 모습을 보면 "분위기 파악을 해야지", "네 생각만 말하지 말고, 주변도 좀 살피렴" 하고 핀잔을 줄 수도 있습니다.

하지만 자기주장은 장점이기도 합니다. 어린 나이에 자신의 생각을 당당히 전달할 줄 안다니 얼마나 훌륭합니까?

반대로 부모가 아이에게 자기주장을 갖고 학교에서 뭐든 제일 먼저 나서서 하길 바란다면 다른 친구들 배려하기를 좋아하는 아이를 한심하게 볼 수 있습니다. "넌 왜 이렇게 줏대가 없니. 다른 애들이 하자는 대로만 하고", "친구들처럼 손 들고 발표도 많이 하란 말이야"라는 말로 아이의 기를 죽이는 경우도 있습니다.

그런데 장점과 단점은 사실 동전의 앞뒷면과 같습니다. '단점을 장점'으로 뒤집는 순간 자녀교육이 편해집니다. 단점이라고 생각하고 바라보면 걱정으로 아이를 비난하게 되는데, 야단을 자주 맞은 아이는 작은 일에도 금방 위축됩니다. 야단치는 부모도 괴롭기는 마찬가지입니다.

"너는 하고 싶은 게 생기면 주변을 거들떠보지도 않고 막 달려들더라?" 하며 비난할 일이 있다면 "보통은 이것저것 따지느라 즉시 시작하기 힘들 텐데, 너는 곧바로 판단을 내리고 빠르게 행동하는 게 참 대단한 것 같아"라고 바꿔 말할 수 있습니다.

두 경우 모두 똑같은 아이의 특성에 관해 언급하는 말인데 느낌이 전혀 다르죠. 특징을 어떻게 받아들이느냐에 따라 장점이 되기도, 단점이 되기도 합니다. 단점을 뒤집어서 말하는 건 처음에는 머리를 써야 생각해낼 수 있지만, 습관이 되면 더 쉽고 자연스럽게 할 수 있습니다. 평생 써온 말투를 바꾸기란 어려운 일입니다. 그래도 아이를 위하는 마음으로 연습한다면 누구나 좋은 말 습관을 가질 수 있다는 점 잊지 마세요. 좋은 말 연습은 아이는 물론 본인의 인생 태도를 긍정적으로 변화시킬 수 있는 큰 기회입니다.

소년원 선생님은 바꿔 말하기 선수입니다. 상대가 비행청소년이기 때문에 보통 사람 눈에는 아무래도 단점부터 눈에 띄기 마련인데, 소년원 선생님들은 단점을 뒤집어서 전달하는 전문가입니다. 예를 들어 "뭘 하든지 느려 터졌어. 아휴, 답답해"라는 말을 자주 들어왔던 아이에게 "넌 무엇을 하든 신중하게 생각하는구나"라고 말해줍니다. "도대체 뭐든 쉽게 질리고 하나라도 진득하게 하는 일이 없어"라는 말을 들어왔던 아이에게는 "넌 호기심도 참 많아. 그래서 다양한 것에 흥미를 느끼는 게 너의 장점인 것 같아"라고 말합니다.

본인들도 단점이나 문제라고 생각하던 부분이기 때문에 이런 말을 들으면 짐짓 놀랍니다. 처음으로 인정받았다는 느낌을 받고, 단점이라고 생각했던 부분을 긍정적으로 바라보게 됩니다.

물론 어떤 특징이 문제를 일으키는 원인이 된다면 그것을 지적해주는 일은 중요합니다. 사태를 이해하지 못한 채로는 개선점도 찾지 못하니까요. 문제를 찾았다면 함께 개선할 방법을 생각해봅니다. 무턱대고 "넌 항상 이런 식이지!" 하며 지적만 하는 것은 서로에게 하등 의미 없는 일입니다.

단점을 포장하면 개성이 된다

아이가 문구점에서 컬러 사인펜 세트를 사달라고 조르는 상황을 가정해봅시다. 지난주에는 색연필, 지지난 주에는 크레파스를 사 줬던 걸 떠올린 엄마는 아이에게 폭풍 잔소리를 쏟아냅니다.

"너는 또 새로운 걸 사고 싶단 말이 나오니? 어차피 얼마 하지도 않잖아! 금방 질려서 다른 거 사달라고 할 거지!"

아무리 조심한다 해도 부모라면 누구나 할 법한 말실수입니다. '아차! 내가 너무했나?' 싶은 생각이 들었다면 곧바로 아이의 장점으로 바꿔서 말해보세요.

"미안해, 엄마 말이 심했어. 하고 싶은 걸 어디서 금방 잘 찾아왔네. 좋아하는 게 많은 건 바람직한 일이야. 그렇지만 사둔 게 집에도 아직 많이 있으니까 그거 먼저 쓰고 나서 이건 다음에 사자."

부모가 이렇게 말하면 아이는 자기 행동에 대한 지적을 받기는 했지만, 이후 사과와 칭찬의 말을 통해 자신을 인정해줬다고 받아들입니다. 아이를 키우다 보면 아이의 잘못이나 결점을 지적할 수밖에 없거나 화가 나는 상황이 생기죠. 다만 아이의 단점이나 결점 등 상대적으로 부족한 부분을 이야기할 때는 지적의 말로 끝내지말고 '포장'의 말을 덧붙이는 게 좋습니다.

집에서 독서하는 걸 좋아하는 아이가 있고, 밖에서 뛰어노는 걸 좋아하는 아이가 있듯이 사람은 모두 각각의 개성과 성향을 가진 고유한 존재입니다. 부모의 마음에 들지 않는 아이의 단점이 오히려 개성일 수도 있고 나중에는 특기로 바뀔 수도 있습니다.

'지적+포장'을 세트로 기억해주시길 바랍니다. 부모와 아이의 신뢰관계에 도움이 될 뿐만 아니라 가족을 둘러싼 분위기를 밝고

긍정적으로 만들어주는 수단이 되기도 합니다. 장점을 찾아서 칭찬하는 것이 최고지만, 애정이 담긴 지적도 기쁜 법이죠.

새로운 자극을 추구하는 것이 아이 그 자체

아이는 호기심이 강하고 온갖 것에 흥미를 보이기 마련입니다. 그 가운데 특히 어떤 것에 흥미가 있는지 살펴보면 아이만의 특별한 개성을 발견할 수 있습니다. 곤충 채집 하나만 하더라도 아이마다 관심이 달라서 진귀한 곤충을 발견하는 것에 흥미를 보이는 아이가 있는가 하면, 자연에서 뛰어다니는 일 자체가 흥미로운 아이도 있습니다. 한편 곤충과 관련된 지식에 흥미를 보이는 아이도 있죠.

부모는 늘 아이를 주의 깊게 관찰하고, 아이의 흥미를 발전시켜 줘야 합니다. 흥미를 추구해나가다 보면 언젠가 아이는 개성을 재능으로 발휘할 겁니다.

반대로 아이의 관심과 흥미를 짓누르면 문제가 생깁니다. 이를 '센세이션 시킹sensation seeking(감각 추구)'이라는 심리학 용어로 설명할 수 있습니다. 센세이션이란 '자극', 시킹이란 '계속해서 추구한다'라는 뜻입니다. 감각을 추구하는 본능은 누구에게나 있고, 이것

덕분에 새로운 일에 도전하며 인생을 풍요롭게 만들 수 있습니다. 문제는 감각 추구가 좋지 못한 방향으로 향할 때입니다.

앞선 사례에서 와타루에게 잡지를 훔치자고 꾀어낸 미쓰야는 감각 추구라는 욕구를 해소하기 위해 절도를 반복했습니다. 자극을 얻으려 물건을 훔치고, 그게 재미있어서 어쩔 줄 몰랐죠. 어른의 절도는 대부분 돈을 노리지만, 아이의 절도는 그렇지 않은 경우가 많습니다. 그저 심리적인 욕망을 추구하거나 결핍을 해소하기 위해 물건을 훔칩니다. 미쓰야처럼 스릴을 얻으려 게임하듯 물건을 훔치는 아이도 많습니다.

실제로 서점에서 일어나는 절도는 대부분 읽거나 갖고 싶은 목적이 아니라 친구들과 경쟁하려는 목적에서 일어납니다. 처음에는 '딱 한 번만이야', '금방 돌려놓을 거니까'라고 생각하지만 한번 자극을 맛보고 나면 더 강한 자극을 원하고, 급기야 행동에 제동이 걸리지 않습니다. 점차 하는 짓이 대범해지다가 붙잡히고 나서야 간신히 멈춥니다.

CCTV를 통해 청소년들의 비행 현장을 담은 장면을 보면 커다란 가방에 덥석덥석 마구잡이로 물건을 집어넣는 모습이나 무거운 가방을 끌듯이 요란하게 가져가는 모습이 있습니다. 보고 있자니 한숨과 함께 "저렇게 하면 당연히 들키지"라는 말이 절로 새어 나오더군요. 마치 한 편의 콩트를 보는 듯했죠. 스릴을 맛보려고 아슬아슬한 선까지 시도하다 보니 그들의 행동에는 조심스러움이 없었습니다.

미쓰야도 처음에는 혼자서 몰래 한두 권씩 책을 훔쳤습니다. 하지만 금세 성에 차지 않아졌고, 재미를 위해 친구들을 끌어들였습니다. 2~3명이 모여 '더 많이 훔치는 사람이 이기는 게임'을 만들어냈죠. 미쓰야는 재밌어서 참을 수가 없었습니다. 더 큰 자극을 추구하며 새로운 친구를 찾던 중에 시무룩한 표정을 한 와타루가 눈에 들어왔죠. 그렇게 도둑질 같은 건 생각해본 적도 없는 와타루가 눈 깜짝할 사이에 상습 절도범이 되고 말았습니다.

왜 감각 추구 욕구가 나쁜 방향으로 향하게 되는 걸까요? 비행 청소년들 대부분이 이렇게 말합니다.

"평소 생활이 재미없으니까요."

이 답변의 배경에는 어릴 적부터 자기 흥미와 관심을 자유롭게 추구하지 못하고 억압받아온 환경이 있습니다.

아이의 감각 추구 욕구를 부모가 인정하고 응원해준다면 잘못된 방향으로 향할 일이 없습니다. 평범한 놀이부터 배움, 단체 활동, 공부에 빠짐으로써 감각 추구 욕구를 채울 수 있으니까요.

중요한 것은 아이의 흥미를 부정하지 않는 일입니다. 부모가 봤을 때는 "그런 걸 해봤자 무슨 의미가 있니?", "넌 그게 재밌니?", "그러고 있느니 차라리 책 한 장을 더 읽어"라고 말하고 싶어서 입이 가만히 있지 못할 겁니다.

그럴 때는 아이의 흥미를 다른 곳으로 유도해보거나 더 다채로운 방향으로 이끌어보세요. "엄마가 볼 때는 이것도 재밌을 것 같은데, 어때?", "이것도 네가 좋아할 것 같은데?" 하며 요령껏 아이의 흥미를 이끌어줄 수 있다면 이런 방법도 괜찮습니다. 다만 억지로 강요해서는 안 됩니다.

아이는 항상 새로운 자극을 추구하기 마련입니다. '이게 재미있어 보이니까 해보고 싶다', '더 알고 싶어'라는 아이의 마음을 응원해주길 바랍니다. 흥미와 관심 추구 역시 아이의 개성과 장점으로 이어질 테니까요.

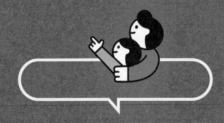

"
빨리빨리
해
"

아이의
미래 예측 능력을
방해하는 말

죄명

횡령

회삿돈 약 300만 엔을 본인 계좌로 이체하다

유카의 아버지는 서른여덟에 회사를 그만두고 어머니와 함께 작은 생선가게를 운영했습니다. 유카는 초등학교 고학년이 되고부터는 당연한 듯 가게 일을 도왔고, 방과 후 교실이나 동아리 활동도 하지 않고 곧장 집으로 돌아와 가게 일을 함께했습니다. 특히 저녁 식사 전시간이 가장 붐볐는데 유카가 없으면 가게가 돌아가지 않을 정도였습니다.

"유카! 그거 다 했으면 여기 와서 이거 빨리해!"

유카의 아버지는 손님에게는 붙임성이 좋았지만 유카에게는 유독 엄격히 대했습니다. 특히 아버지는 성격이 급해서 항상 '빨리빨리', '다음엔 이걸 해라' 하며 지시하고는 했죠. 본인 뜻대로 되지 않을 때는 손찌검을 하기도 했는데 어머니는 자기에게 불똥이 튈까 봐 보고도 못 본 척하는 일이 많았습니다.

유카는 자신을 도와주지 않는 어머니를 원망했지만 어쩔 도리가 없었죠. 그런 생활 속에서 유카는 항상 눈앞에 닥친 상황을 어떻게 모면하고 넘어가느냐만 생각하게 되었습니다.

고등학교를 졸업하고는 도쿄에 있는 대학으로 진학했습니다. 특별히 배우고 싶은 게 있었던 건 아니지만 가게에서 벗어나려는 목적으로 멀리 있는 도쿄를 선택했습니다. 학비는 부모님께 받았으나, 생활비는 유카 스스로 마련해야 했습니다. 아르바이트를 여러 개 병행하는 고단한 삶이었어도, 부모님에게서 벗어난 것만으로 기쁘고 행복했습니다.

대학에서는 득별한 목표도 없고, 수업 시간에 지각도 자주 했지만 어떻게든 졸업만 하면 된다고 생각했습니다. 몇 가지 아르바이트 가운데 유카 마음에 든 것은 어느 회사의 경리 일이었습니다. 재촉하는 사람이 없어서 자기 페이스로 일할 수 있는 데다가, 실수해도 어물쩍 고칠 수 있었기 때문입니다. 거기다 아르바이트 신분이면서도 상당한 액수의 돈을 다루는 묘미가 있어서 즐거웠죠.

대학교 3학년 때 같은 학교에서 처음으로 남자친구가 생겼고, 얼마 지나지 않아 그와 동거를 시작했습니다. 남자친구는 대학원에 진학해 연구자가 되고 싶어 했는데, 박사과정을 마쳐도 좀처럼 취직이 되지 않았습니다.

유카는 대학을 졸업하고 나서 곧바로 식품회사에 취직해 남자친구와 자신의 생계를 책임졌습니다. 처음에는 경영 관련 부서에 배치되었습니다. 그런데 중장기적으로 앞을 내다보면서 기획해야 하는 경영 일에서 성과를 내지 못했습니다. 유카는 사무 계열 직군으로 이동하기를 희망했습니다.

3년 차부터는 드디어 원하던 경리 일을 하게 되었습니다. 아르바이트 경험 덕에 이해가 빨라서 서서히 담당하는 범위가 넓어졌을 때의 일입니다.

"유카, 미안해. 더는 안 되겠어. 빚이…."

동거 중인 남자친구가 눈물을 흘리며 고백했습니다. 취업 스트레스 때문에 도박에 빠져 많은 빚을 지고 만 것입니다. 불법 사채에도 손을 대지 않을 수 없는 상황이라고 했습니다.

유카는 "내가 어떻게든 해볼게"라며 그를 안심시켰습니다. 하지만 뾰족한 수가 있었던 것은 아닙니다. 그때 떠오른 방법이 회사 공금을 횡령하는 것이었죠. 경리 일을 맡고 있던 유카는 마음속으로 '언젠가 갚을 거니까. 잠깐 빌리는 것뿐이야' 하고 변명하며 장부를 조작했습니다. 소액이지만 본인 명의의 은행 계좌에 송금하는 대담하고도 치

졸한 범행을 반복했습니다. 횡령이 시작된 지 3년째 되었을 때 회계

감사에서 유카의 범행이 발각되었습니다.

"이러려던 게 아니었는데…."

유카의 어깨가 축 늘어졌습니다.

범죄자에게 결핍된 미래 예측 능력

유카는 어린 시절부터 장래희망이나 목표 없이 눈앞에 닥친 일을 어떻게 처리할까만 생각하곤 했습니다. 학교 수업이 끝나면 가게에 묶여 아무것도 할 수 없을 만큼 숨 가쁜 나날에 익숙해졌으니까요. 특별히 하고 싶은 일도 없었죠.

하지만 본래 성실하고 요령이 좋아 눈앞에 놓인 일에 몰두하면 꽤 성과를 낼 수 있었습니다. 그래서 아무 생각 없이 '지금이 좋으면 그걸로 된 거 아니겠어?' 하는 마음으로 지내왔습니다. 주변에서 봤을 때도 특별히 문제가 있는 것처럼 느껴지지는 않았습니다. 회사 상사도 유카를 보며 이해가 빠르고 성실해 안심했습니다.

사내에서 신뢰를 얻어 업무 범위가 넓어진 바로 그때, 그녀는 회삿돈을 약 300만 엔이나 횡령했습니다. 특별한 잔꾀를 부리지도 않고 자기 계좌에 곧바로 송금하는 방식으로 말입니다. 너무나도 어설픈 범행입니다. 회삿돈에 손을 대면 언젠가는 발각될 거라는 사실 정도는 누구나 압니다. 유카는 남자친구의 빚을 갚기 위해서였다고 하지만 "다른 방법이 있지 않을까요?"라고 말하고 싶어집니다.

유카는 왜 이런 범행을 저지르고 말았을까요?

비행청소년과 면담해보면 그런 짓을 했다가는 금방 잡힐 거라는 것 정도는 알 텐데, 싶은 사례가 아주 많습니다. 그들에게는 '미래 예측 능력이 결핍되어 있다'는 공통점이 있습니다. 즉 '그때만 즐거우면 된다', '그 순간만 고통에서 벗어나면 된다' 같은 지극히 단순한 사고에 지배당한 것입니다.

미래 예측 능력이란 비행·범행 임상에서 자주 사용되는 단어로, 쉽게 말하면 '앞을 내다보는 힘'입니다. 청소년의 비행 사례를 보면 현재 놓인 상황을 이해하는 현실 음미 능력과 미래 예측 능력이 부족합니다.

사람은 보편적으로 앞을 생각하며 행동하기 마련입니다. 현재 자기 행동이 앞으로 어떤 결과로 이어질지를 생각해서 목표나 방법을 결정하죠. 예를 들어 지금 전철을 타는 것은 '1시간 후에 어느 역에 도착'하는 미래를 위한 행동입니다. 전철을 타려고 움직이는 것이 아니죠.

시간 축을 조금 더 길게 늘려 생각해봅시다. 지금 전철을 타고 있는 건 대학교에 가기 위해서인데, 대학에 다니며 공부하는 건 꿈인 선생님이 되기 위해서입니다. 우리는 이런 식으로 현재의 행동이 어떤 미래로 이어질지 생각합니다.

지금 전철을 타지 않으면 어떻게 될까요? 오늘 수업에 늦으면 어떻게 될까요? 앞을 내다보는 힘이 있으면 쉽게 결과를 유추할 수 있습니다. 그런데 현재가 어떻게 미래로 이어질지 생각하지 못하고 지극히 단순하게 행동하는 사람이 있습니다. 유카 역시 그랬습니다.

물론 유카는 자기가 하는 일이 범죄라는 사실을 압니다. 발각되면 큰일 난다는 것도 알고 있습니다. 문제는 미래 예측 능력이 길러지지 않은 탓에 극단적으로 현재를 우선시하는 것입니다. '지금이 좋으면 그걸로 됐다', '당장 수습해야 하는 일을 해결했으니 됐다' 하며 잘못된 행동을 저지르고 만 것이죠.

"빨리빨리 해"라고 말하면 안 되는 이유

"빨리 좀 해", "잽싸게 정리하지 못해?", "그만 꾸물거리고 빨리 나갈 준비해!"

이런 말투로 아이 행동을 재촉하는 부모가 많습니다. 하지만 어린아이는 미래 예측 능력이 완성되지 않았기 때문에 왜 빨리 서둘러야 하는지 모릅니다.

미래 예측 능력은 타고나는 게 아니라 발달 과정 안에서 자연스럽게 익혀나가는 것입니다. 부모는 '서두르지 않으면 학교에 지각한다', '약속 시간에 늦게 된다'처럼 서둘러야 하는 필요성을 이해하지만, 아이에게는 이해하기 어려운 개념입니다.

따라서 거두절미하고 "빨리빨리 움직여"라고 말하기보다는 "학교까지 걸어서 15분 걸리니까 집에서 8시에는 나가야 조회 시간에 늦지 않겠지?", "8시에 집에서 나가려면 어떻게 해야 될까?" 하는 식의 자세한 설명으로 빨리 준비해야 하는 이유를 알려줘야 합니다. 그러면 아이도 상황을 인식하고 스스로 생각해서 행동하게됩니다. 이것이 미래 예측 능력을 훈련하는 방법입니다.

유카는 아버지에게 빨리하라는 말을 수없이 들으며 자랐습니다.

그런데 아버지는 빨리해야 하는 이유를 설명해주지 않았습니다. '당장 해', '빨리해'라는 명령은 수동적인 행동만 부추깁니다. 빨리하라는 호통을 들으면 당장 그 자리에서는 어떻게든 해보려고 하겠죠. 하지만 스스로 판단하지는 못합니다. 미래 예측 능력은 자라지 않고, 앞뒤를 생각하지 않은 채 찰나적이고 임기응변적인 사고만 하게 됩니다.

'오후 4시가 되면 항상 손님이 몰려와서 바빠지니까 그전에 이일을 끝냈으면 좋겠다', '생선이 모자라면 큰일이니 미리 발주해뒀으면 좋겠다. 오늘 발주해도 도착하기까지 2~3일 정도 걸릴 때도 있으니까 얼마 남지 않으면 주문해야 한다'처럼 부모는 유카에게 제대로 설명했어야 합니다. 바빠서 일일이 설명할 수 없다면 나중에라도 자신이 부탁한 이유를 알려주고 이후 본인이 생각해서 행동하게 했다면 좋았을 겁니다. 서둘러야 하는 일의 필요성을 이해하면 스스로 시간을 체크하면서 움직이게 될 테니까요.

본인 스스로 생각하게 한다는 의미에서 "언제 할래?", "지금은 뭘 해야 하는 시간이지?" 하고 아이에게 질문하는 것도 좋은 방법입니다. 부모에게는 인내해야 하는 일이지만, 아이의 미래 예측 능력을 길러주려면 작은 수고를 감내해야 합니다.

소년원 선생님은 아이 스스로 생각하도록 유도합니다. "전에도 얘기했지? 빨리 해!"라는 잔소리를 하지 않죠. 대신에 "왜 지금 이 걸 해야 할 것 같아?" 하고 반복해서 물으며 일을 진행합니다. 소년 원에 있는 아이들은 미래 예측 능력이 특히 부족하기 때문에 당장 재촉해서 무언가를 시켜봤자 의미가 없습니다. 나중에 사회에 나 가 제대로 적응하기 위해서는 스스로 생각하고 행동하는 연습이 필요합니다.

시간을 거꾸로 생각하는 습관

아이의 미래 예측 능력을 기르려면 일상생활을 하는 중에 '역산해 서' 생각하도록 연습시켜야 합니다. 어른은 자연스럽게 하는 일이 지만, 어린아이일수록 특히 현재에 더 집중하기 때문에 장래의 목 표부터 시간을 역산해서 생각하는 일에 익숙하지 않습니다.

예를 들어 아이들이 자주 미루는 여름방학 숙제를 두고도 역산 해서 생각해보게 하는 것입니다.

"여름방학 숙제는 언제 끝낼 수 있겠니?"

"음, 여름방학이 8월 31일까지니까 전날인 30일까지 할게요!"

"그럼 어떻게 해야 밀리지 않고 30일까지 숙제를 끝낼 수 있는지 생각해볼까?"

"음, 수학 문제랑 한자 쓰기는 매일 둘 중 하나씩 하면 괜찮을 것 같고…. 어려운 건 자유 주제의 과학 실험일 것 같아요. 뭘 할지 아직 못 정했거든요. 좀 더 고민해보고 8월이 되면 시작할게요. 생각을 정리하는 데도 시간이 필요하니까요."

방학 숙제나 공부뿐만 아니라 다양한 상황에서 아이들의 미래 예측 능력을 길러줄 수 있습니다. 예를 들어 가족여행을 갈 때도 아이와 함께 여행계획을 세우거나 아이가 직접 여행계획을 짜보게 하는 것도 좋습니다.

또는 여행계획이 모두 정리되면 아이에게 "우리 몇 시에 출발하는 게 좋을까?" 하는 식으로 질문을 던져보세요. 등교 준비를 하는 시간 계산처럼 단순한 질문도 상관없습니다. 이렇게 일상 속에서 작은 목표나 계획을 두고 시간을 역산해서 지금 해야 할 행동을 생각하는 연습을 하다 보면 자연스럽게 미래 예측 능력을 기를 수 있습니다.

아이가 등하교나 숙제, 여행계획 등 단기적인 시간 역산을 해보며 스스로 일의 순서를 정하는 연습에 익숙해졌다면, 서서히 시간축을 늘려 장기적인 미래 설계까지 할 수 있습니다. 장래희망을 이루려면 무엇이 필요한지, 어떤 공부를 해야 하는지 진지하게 고민하는 시간을 갖게 되죠. 이런 시간을 통해 아이들은 한 뼘 더 성장합니다.

내 안을 들여다보는 내관 요법

"너는 장래에 뭐가 되고 싶니?", "어른이 되면 뭘 하고 싶어?"

가정에서도 학교에서도 어른들이 아이에게 자주 묻는 말입니다. 아이가 자기 미래를 생각하게 질문하는 것 자체는 좋습니다. 다만 미래 예측 능력이 충분히 자라지 않은 상태에서 언제가 될지 모르는 먼 미래에 관해 물으면 아이들은 어떻게 생각해야 할지 감조차 잡지 못합니다.

어린 시절에는 아이가 "울트라맨이 되고 싶어요", "엘사가 되고 싶어요"라고 말해도 괜찮습니다. 미래와 현재를 연속해서 생각하지 못하는 시기에는 소망과 실재의 구별이 어려우니까 이렇게 말하는 것이 정상이죠. 하지만 장래를 구체적으로 생각해야 하는 진로 결정 시기가 되어서도 여전히 울트라맨이나 코난이 되고 싶다고 하면 곤란하죠.

'부자가 되고 싶다', '유명한 사람이 되고 싶다' 같은 추상적인 목표 역시 현재와 연관성이 없으면 구체적인 행동을 시작하기 어렵습니다. 아이는 어떤 꿈이든 가질 수 있지만, 그 꿈을 실현하기 위해 자기가 앞으로 무슨 행동을 해야 하는지까지 아는 게 중요합니다.

소년원에서도 아이들의 장래에 대한 상담 과정을 중요시합니다. 여기서 나가면 어떻게 살아갈지, 장래에 무엇을 하고 싶은지, 그 꿈을 이루기 위해 어떤 준비와 과정이 필요한지 현실적이면서도 구체적으로 생각해보게 하는 거죠.

그런데 소년원에는 미래 예측 능력이 부족한 아이가 많기 때문에 장래 이야기를 꺼내면 당황스러워합니다. 말문을 잘 열지 못하는 아이들을 위해 시설 안에서 제일 먼저 하는 일이 바로 현재 상황을 이해시키는 것입니다. 현재 상황을 이해해야 비로소 다음 계단으로 올라가려는 생각을 할 수 있습니다.

앞으로 계단이 어디로 이어질지는 어떻게 알 수 있을까요? 이때 필요한 것이 '내관內觀 요법'이라는 심리 치유 방법입니다. 교정·교화 프로그램의 일환으로도 자주 활용됩니다.

내관은 '안을 본다'는 말 그대로 자신에 관해, 자기 내면을 곰곰이 관찰하는 것입니다. 부정적인 사태에 대해 원인을 추궁하는 '반성'과 달리, 내관은 있는 그대로의 사고와 감정을 바라봅니다. 자기 마음을 들여다보는 기회를 통해 현재 상황을 객관적으로 볼 수 있게 하는 것입니다.

내관 요법의 구체적인 방법을 설명하겠습니다. 대학 강의 시간에도 매년 학생들과 진행하는데, 특별한 준비도 필요 없고 누구나 할 수 있어 간단하지만 효과는 드라마틱합니다.

먼저 생각할 주체 대상을 '주제'로 정합니다. '아버지', '어머니'처럼 자기와 가장 가까운 인물을 주제로 설정하는 경우가 많습니다. 어머니를 주제로 정했다면, 다음은 주제에 대한 3가지 생각거리를 카테고리화합니다. 주제 대상에게 받은 것, 준 것, 속상하게 한 것, 이 3가지가 기본입니다. 즉 어머니께 '받은 것', '해드린 것', '속상하게 한 일'을 진실되게 생각합니다.

대학에서는 몸을 벽으로 향하고 바닥에 앉은 다음 조명을 어둡게 한 상태에서 내관, 즉 자기 관찰을 하게 합니다. 생각한 것을 따로 기록하거나 다른 사람에게 이야기할 필요는 없습니다. 그저 자기 안에 북받치는 생각이나 감정을 가만히 들여다보면 됩니다. 무척 단순해 보이지만, 이 작은 행동만으로도 자신의 진짜 감정은 물론 자신을 둘러싼 관계에 대한 이해가 깊어집니다.

처음에는 반신반의하던 학생들이 어느 정도 시간이 흐른 후에는 너도나도 눈물을 흘립니다. 관찰 시간이 끝났다고 말하면, 시작할 때와는 표정이 달라져 있습니다. 이후 감상을 들어보면 '어떤 일이나 문제에 대해 왜 그렇게 생각하고 받아들였는지 나에 대한 인식이 깊어졌다', '어머니가 지금까지 나를 이렇게 지탱해주고 있었다는 사실을 깨달았다'라고 말합니다.

내관 요법은 본래 '자기 관찰법'으로 개발된 것입니다. 창시자는 요시모토 이신吉本伊信이라는 스님인데, 정토진종이라는 불교의 한 일파에 전해져 내려오는 정신 수양법을 일반인도 쉽게 따라 할 수 있도록 변형한 것입니다. 일본 소년원과 교도소에는 1950년대부터 도입되었고, 현재까지도 많은 의료시설과 교육 현장에서 널리 쓰이고 있습니다.

"NO"라고 용기 있게 거절해도 괜찮아

현재의 상황은 과거와 연결되어 있습니다. 과거에 어떤 일이 있었기에 현재 이런 모습인 걸까요?

계속 강조한 것처럼 객관적인 현실을 이해하는 것이 장래를 생각하는 첫걸음이 됩니다. 중요한 것은 현재의 자신을 이해하며 미래 예측 능력을 키우는 일입니다. 과거를 돌아보게 하고 무조건 반성을 촉구하라는 말이 아닙니다.

소년원에서는 비행청소년들에게 여기를 나가면 어떻게 생활할 것인지 수시로 생각하게 합니다. '함께 물건을 훔치던 친구들과 다시는 어울리지 않을 것이다', '일반 고등학교에 재입학해서 공부할 것이다', '주말에는 아르바이트하며 돈도 모으고 사회생활 능력을 키워나갈 것이다' 등의 결심을 하는 아이들이 많습니다. 현실적인 목표입니다.

하지만 막상 소년원을 나가는 날이 가까워지면 나가기가 두렵다고 말합니다. 소년원에서는 24시간 선생님이 함께하며 무엇이든 같이 고민하고 응원해줬는데, 밖에서는 더 이상 선생님이 곁에 없기 때문입니다. 뭐든 스스로 판단하고 책임지지 않으면 안 되는 현실의 생활, 그렇게 생각하면 두려운 것이죠.

실제로 현실적인 목표를 세우고 열심히 살겠다고 결심한 아이들이 고향에서 나쁜 짓을 함께했던 옛 친구와 마주친 뒤 눈 깜짝할 사이에 원래 생활로 돌아가는 사례가 적지 않습니다. "그래도 친군데 거기서 나온 기념으로 축하 파티는 해줘야지!" 하며 다가오는 친구를 무시하기가 쉽지 않기 때문입니다.

이런 일을 방지하기 위해 위기를 미리 내다보며 대처하는 훈련을 해야 합니다. 소년원에서는 '소셜 스킬 트레이닝Social Skill Training', 줄여서 SST를 철저히 실시합니다. 아이들이 사회에 나갔을 때 예상되는 커뮤니케이션을 역할극을 통해 미리 훈련하는 것입니다.

예를 들어 '편의점에서 마주친 옛 불량 그룹의 친구가 말을 건 상황'을 가정합니다. 친구 역할을 연기하는 사람이 "이야~ 오랜만에 만나서 정말 반갑다! 우리 노래방 가서 같이 놀자" 하는 식으로 말을 걸 때 거절하는 연습을 합니다. 실제 상황에 닥쳤을 때 당황하거나 분위기에 휩쓸리지 않도록 "미안한데 오늘은 볼일이 있어서 못 갈 것 같아"라며 거절의 말을 반복해보는 것이죠.

SST 훈련은 교정시설뿐만 아니라 실생활에서도 유용하므로 강의 시간에 학생들에게 필수적으로 가르칩니다. 살다 보면 싫은데도 불구하고 거절하기 어려운 상황이나 내 의사와 상관없이 자기 생각을 강요하는 부당한 일이 생기니까요. 학생들에게 불편한 요청을 하는 친구 역할과 거절하는 친구 역할을 각각 연기하게 합니다.

학생들은 각자 자기 상황에 몰입하는데, 특히 친구 역할을 맡은 사람은 쉽게 물러나지 않습니다. 끈질기게 달라붙죠. 이럴 때 어떻게 해야 잘 빠져나갈 수 있을까요? 제삼자로 지켜보는 사람은 흥미진진하지만, 거절해야 하는 본인은 심각합니다. 친구 요청을 거절했을 때 상대방이 다음에 무슨 말을 할지 예상해야 하고, 또 어떻게 받아칠지도 생각해야 하니까요.

이런 훈련을 해보면 일상생활에서 비슷한 일이 일어났을 때 매끄럽게 대처할 수 있습니다. 그래서 지금 눈앞에서 벌어지는 상황이 앞으로 어떻게 진전될지 예측하는 일은 매우 중요합니다.

살면서 어떤 고민이나 문제를 겪게 될까? 학교에서는? 학교 밖에서는? 내 목표나 꿈에 방해되는 것은 무엇일까? 친구나 가족과 마찰이 생길 수 있을까? 그럴 때 나는 어떻게 대처해야 할까? 그야말로 미래 예측 능력이자 소셜 스킬이죠.

가정에서는 부모와 아이가 함께 어려워하는 상황을 연기해보는 것도 좋고, 또는 이미지를 떠올리며 상황을 시뮬레이션해보는 것만으로도 아이의 대처 능력이 향상될 겁니다.

스스로 결정하는 힘이 중요한 이유

자율적으로 살아가는 데도 미래 예측 능력이 중요합니다. '자율'이란 자기가 주인이 되어 스스로를 컨트롤하는 것이죠. 이는 곧 '자기 일을 스스로 결정할 수 있는 능력'을 뜻합니다. 스스로 삶의 방향성을 생각하고 그에 바탕을 둔 결정을 내린 뒤 책임진다면 자율적인 사람이라고 할 수 있습니다.

이에 반해 타인의 명령에 따라 결정하는 것을 '타율'이라고 말합니다. 예를 들어 '선생님이 수업 시작 20분 전에는 무조건 학교에 도착하라고 해서 일찍 나왔다'라고 한다면 그것은 타율에 따른 행동입니다. 누가 그러라고 했으니까, 그게 규칙이니까, 원래 그렇다니까 등등의 이유로 생각 없이 따르는 삶이죠.

한편 '최소한 수업 시작 20분 전에 도착하면 친구들이랑 충분히 인사할 시간도 생기고 수업을 준비하기도 수월해서 좋아'라고 생각해 행동한다면 자율에 따른 선택입니다. 이처럼 합리적인 판단으로 스스로의 행동과 방향성을 정립한 아이가 어떤 문제도 용기 있게 잘 헤쳐나갈 수 있겠죠.

자기 일을 결정하는 건 쉬워 보이나 실은 꽤 어렵습니다. 솔직히 말해 타율에 맡기는 게 훨씬 편할 때가 있습니다. 머리 복잡하게 스스로 판단하지 않아도 되고 결정에 책임지지 않아도 되니까요.

그래서 요즘 다른 사람의 삶을 따라 하는 걸 선호하는 젊은이가 늘고 있습니다. '다들 그렇게 하니까' 하며 별생각 없이 따라 하는 분위기에 휩쓸리는 경우가 많습니다. SNS 발달로 인한 대표적인 문제이기도 합니다.

메신저 앱, 트위터, 인스타그램, 틱톡, 유튜브는 이제 누구나 하나 이상은 사용하죠. 자신의 일거수일투족은 물론 친구, 가족, 동료, 심지어 전혀 모르는 사람들의 일거수일투족이 공유되는 사회가 도래했습니다. 그 안에서 '자기 평판을 인터넷에서 반복 확인하는 행위'를 뜻하는 '에고 서핑ego-surfing' 현상이 확대되는 배경에도 남과 다르면 불안해진다는 심리가 깔려 있습니다.

그렇기에 주위 사람들의 말에 따르거나 그룹의 암묵적인 룰에 자신을 맞추려 하는 것도 이해가 됩니다. 학생일 때 특히 이러한 경향이 강합니다. 문제는 아이들이 학교라는 안전한 공통의 울타리를 벗어나 사회에 나가서 제 힘으로 돈을 벌고 삶을 꾸려나갈 때 생기죠.

수많은 연구 데이터를 보지 않아도 어른으로서 우리가 체감한 인생의 깨달음이 있습니다. 부모는 아이보다 먼저 다양한 인생을 경험하고 인간관계에서 부딪치며 성장해왔으니까요.

생각해보세요. 어릴 적 친구들과 다른 선택을 해서 큰 문제가 되었나요? 그때 경험이 오히려 재미있는 추억으로 떠오르진 않나요? 부모나 선생님에게 강요받은 부당한 기억은 없으신가요? 사회생활을 해보니 학교 공부와 경험 중 어떤 것이 더 큰 힘이 되었나요?

그렇다면 다시 부모로 돌아와서 아이에게 스스로 선택하는 자율을 길러주고 싶나요, 남들 선택에 따라가는 타율을 길러주고 싶나요.

　조직폭력배들의 심리 분석도 많이 해왔는데 그들 대부분은 '타율의 극치'였습니다. 스스로는 아무것도 결정하지 못하는 절대 명령의 환경에 오랫동안 있었기 때문입니다. 오로지 우두머리에게 매달려 명령을 따르면 보호받을 수 있고, 또 대외적으로는 자신을 강하게 포장할 수 있어 잘못된 희열에 중독된 상태입니다. 그들은 언뜻 강해 보일지 몰라도 내면은 매우 나약한 인간입니다. 스스로 생각하고 결정해나가지 않으면 결코 삶을 바꿀 수 없습니다.

유연한 사고력을 기르는 만고의 진리

예를 들어 다음과 같은 논리적인 인과관계는 쉽게 학습할 수 있습니다.

　'오늘 학교를 빠지면 소풍 조 추첨에 참여하지 못한다', '내일 숙제 검사하는 날이니까 오늘 꼭 숙제를 해야 한다', '내가 A를 하면 B가 된다, A를 하지 않으면 C가 된다' 식의 단순한 인과관계입니다. 프로그래밍이나 게임을 좋아하는 아이라면 특히 잘할 겁니다.

인과관계처럼 시간 축을 따라 논리적으로 생각하는 일은 중요합니다. 그러나 실제 인생에서 일어나는 일은 이보다 더욱 복잡합니다. 여름부터 겨울까지, 오늘부터 3년 뒤까지, 현재부터 미래까지 등 시간 축을 길게 늘릴수록 인과관계만으로는 설명할 수 없는 일이 많아집니다.

'A를 하면 B가 된다'라고 단순하게만 생각하면 실제로 예상과 다른 사태가 벌어졌을 때 대응하기 어려워집니다. 동시에 다른 경우의 수도 생각해둬야 합니다. 미래 예측 능력은 '앞을 내다보는 힘'이라고 했는데, 앞을 내다볼 때는 여러 선택지를 생각하는 것이 중요합니다. 단순한 지식 습득을 넘어, 다양한 체험을 하고 다양한 분야의 책을 읽으며 많은 사례를 준비해야 합니다.

다수의 범죄자와 비행청소년의 심리를 분석하며 깨달은 또 다른 점은 경험의 폭이 좁다는 것입니다. 한계가 있는 좁은 세계에서 다양한 사람과 관계 맺거나 문화를 접하고 체험할 기회가 적었습니다. 생각의 토대가 좁으면 다양한 미래를 예측할 수 없습니다.

저는 그들에게 늘 책을 가까이하며 기회가 될 때마다 많이 읽으라는 조언을 반복해왔습니다. 책은 다양한 체험의 보고입니다. 아이들에게 독서 교육이 중요한 이유입니다. 체험할 수 있는 일은 실제로 해보는 게 가장 좋지만, 직접 경험하지 못하더라도 책을 읽으면 간접 체험이 됩니다. 책을 통해 평소에 접하지 못한 직업이나 가치관을 만날 수 있고, 세상을 이해하는 통로가 될 수 있습니다.

그림책이든 도감이든 실용서든 어떤 책이나 상관없습니다. 본인이 흥미 있어 하는 분야면 됩니다. 부모 입장에서는 학교 교육과 연계되는 책 읽기를 권하고 싶지만, 일단은 아이가 독서에 흥미를 느끼도록 본인이 원하는 책을 펼쳐보게 도와주세요. 책을 좋아하게 되면 점차 아이의 세계가 넓어집니다.

요즘 시대의 교육은 책보다는 인터넷이나 학습 동영상이 주류를 이룹니다만, 아이에게 좋은 체험이 된다는 의미에서 책을 능가할 콘텐츠는 없습니다. 물론 동영상 가운데도 좋은 것이 있지만 옥석이 뒤섞여 아이 스스로 골라내기가 어렵습니다.

때로 부모의 시간 확보를 위해, 아이가 밖에서 소란을 피우지 않기 위해, 아이가 원하는 대로 영상 콘텐츠를 보게 내버려두는 경우도 많습니다. 이는 아이의 자율성과 무관합니다. 무분별한 자극에 지속적으로 노출되면 더 강한 자극을 주는 질 낮은 영상만 찾게 되는 문제가 생길 수 있습니다. 이 점을 유념하며 너무 많은 자극에 노출되지 않도록 지도해야 합니다.

천재 MC가 앞을 내다보는 능력을 키운 방법

저는 본업으로 대학교에서 학생들을 가르치는 한편 TV 방송에 출연하기도 합니다. 예능 방송 MC들의 앞을 내다보는 능력을 옆에서 보며 자주 감탄합니다. 예능 방송은 다양한 방식으로 제작되는데, 그 가운데 정해진 대본에 의존하지 않고 MC들이 즉석에서 이야기를 이끌어가며 재미를 만드는 방송이 있습니다.

MC가 출연자의 말을 이어받아 흐름을 읽고 더 극적인 재미를 끌어내는 걸 듣고 있으면 '아까 그 말이 이렇게 연결되는구나!' 하고 놀랄 때가 많습니다. 뛰어난 방송 MC는 한두 수 앞이 아니라 훨씬 더 앞을 내다보죠.

어느 날은 방송이 끝난 후 예능 MC와 함께 서점에 동행한 적이 있습니다. 그는 재미를 추구하는 예능 MC이다 보니 일반 대중들에게 똑똑하다거나 책을 많이 읽는 이미지는 아닙니다. 하지만 실제로는 엄청난 다독가였습니다. 서점 매대에 진열된 새로 나온 책을 묻지도 따지지도 않고 구입했습니다. 마치 드라마 속 부자들이 명품관에서 "여기부터 저기까지 모두 주세요"라고 하는 듯한 모습이라 무척 놀랐습니다.

또한 그는 집 안 이곳저곳에 책을 늘어놓는다고 합니다. 언제 어느 때라도 손만 뻗으면 책을 쉽게 쥐기 위해서입니다. 단순히 천재 MC라고 부르기엔 적절하지 않을 만큼 노력하며 앞을 예측하는 능력을 꾸준히 단련한 것이죠.

이 덕분인지 그는 어떤 화제에도 당황하지 않고 유연하게 대처하며, 점과 점에 불과한 단편적인 이야기를 연결해서 재미와 감동의 완성형 이야기로 만들 수 있었습니다. 그런데도 자신의 지식을 지나치게 뽐내거나 자기 노력을 알아봐달라고 강조하지 않는 겸손함까지 갖추었습니다.

함께 서점에 다녀온 지 얼마 되지 않아 또 방송 녹화일에 마주쳤는데 "그 책 재밌더라고요", "이 책은 이러이러한 점을 배울 게 많더군요" 하며 차례로 추천해주는 걸 보고 다시 한번 놀랐습니다.

이 장에서 '앞을 내다보는 힘'을 키우는 여러 방법을 추천했지만, 아직도 어떻게 실생활에 적용할지 모르겠다면, 가장 먼저 아이가 다양한 체험을 통해 세상을 알아갈 수 있도록 함께 책 읽는 시간을 가져보세요. 아이가 독서하는 습관을 재미있게 만들어가는 데 집중해보시길 권합니다.

4장

"열심히
해"

아이의
의욕을
떨어뜨리는 말

죄명

대마단속법 위반

호텔에서 여러 차례 대마를 하다

나오토가 5살 정도 되었을 때부터 부모님은 다툼이 잦았습니다. 아버지는 자동차 영업을 했는데 영업 성적이 좋지 않아 급여가 적었기 때문에 어머니는 늘 돈에 대해 불평했죠. 그러나 나오토에게는 다정한 아버지였습니다. 아이가 작은 목표라도 달성하면 용돈을 주었고, 사소한 실수에도 혼내지 않고 감싸주었죠.

가정적인 남편임에도 어머니가 보기에는 '능력 없고 한심하기 짝이 없는 남자'였나 봅니다. 어린 나오토에게 '너는 아버지처럼 되지 마라'라는 말을 귀에 못이 박히도록 했습니다. 얼마 지나지 않아 아버지는 집에 돌아오지 않았고, 다른 여자와 살림을 차렸다는 사실을 뒤늦게 알게 되었습니다. 결국 나오토가 10살 때 부모님은 이혼했습니다.

부모의 이혼 후 나오토는 위축될 때가 많았습니다. 원래도 공부든 놀이든 집중해서 하는 일이 별로 없었습니다. 그래서 성적도 좋지 않았죠. 열심히 해야 한다는 생각을 하면서도 실제로 공부하는 시간이 많지 않고 그로 인해 좋은 성적을 받지 못하는 자신을 한심하게 생각했습니다.

"너 그러다가 너희 아빠처럼 된다? 그러면 인생 끝장나는 거야."

어머니는 이런 식으로 핀잔을 주며 공부를 열심히 하라고 잔소리했습니다.

초등학교 6학년 때, 담임 선생님이 나서서 나오토의 진로 상담을 해줬습니다.

"조금씩이라도 괜찮으니까 성적을 올리려고 노력해봐. 노력하는 모습을 보면 부모님도 분명 이해하고 응원해주실 거야."

이후 나오토는 수업 전에 예습을 해가는 등 노력하기 시작했습니다. 선생님이 칭찬해주셔서 무척 기뻤습니다. 노력의 결과는 성적으로도 곧바로 나타나서 항상 3등급을 받던 국어가 2등급으로 올랐습니다. '나도 하니까 된다! 칭찬해주시겠지?' 하며 어머니에게 자랑했는데, 뜻밖에도 어머니는 심드렁하게 대답했습니다.

"겨우 그걸로 기뻐해서 되겠니?"

"초등학생 때 국어를 잘해두지 않으면 중학교 가서 고생하는 거야."

어머니는 마음속으로 한시름 놓았지만, 조금만 더 노력했으면 하는 바람에서 한 말이었습니다. 나오토는 크게 실망했습니다. 노력해봤자 인정받지 못한다는 생각에 그 후로는 조금씩 해오던 공부를 아예 손에서 놓고 말았습니다.

그 후 고등학교까지는 어떻게든 졸업했지만, 모든 일에 이렇다 할 흥미가 생기지 않았습니다. 선생님의 추천대로 기계제조회사에 취직했으나 3개월 만에 퇴사하고, 집에 틀어박힌 채 매일같이 게임만 했습니다.

어머니는 "그러니까 공부 좀 하라고 했더니만", "니 아버지처럼 감당 안 되는 쓰레기가 됐네" 하며 아들을 깎아내렸습니다. 나오토는 이대로는 안 된다는 위기감을 느끼면서도 '이게 다 아버지 탓이야. 아버지가 집을 나가지 않았더라면 이렇게 되지는 않았을 거야' 하며 자기 문제의 원인을 아버지에게서 찾으려 했습니다.

아버지 핑계를 대며 허송세월하던 어느 날, 우연히 편의점에서 중학교 시절에 같이 게임을 하며 어울리던 다케루를 만났습니다. 평일 낮에 편안한 차림으로 편의점에 온 다케루 역시 무직에 게임을 하며 지내고 있다고 했습니다. 두 사람은 서로의 심경에 전적으로 동감하며 의기투합했습니다. 어느 날 다케루 집에 놀러 갔더니 '기분이 편안해지는 게 있다'면서 나오토에게 대마를 권했습니다.

"이거 외국에서는 많이들 하는데 부작용도 없어. 다른 건 몰라도 대마는 괜찮아."

나오토는 금세 대마의 포로가 되었습니다. 대마를 사용하면 눈 깜짝할 사이에 '다행감多幸感'*에 빠져들었고, 그동안 고민하던 자신의 모습이 오히려 한심하게 느껴지기도 했습니다. 결국 대마에 중독된 나오토는 스스로 판매원과 접촉해 단독으로 대마를 하기에 이르렀습니다.

---

* 자극에 과다하게 느끼는 행복감으로 흔히 마약 등의 복용으로 유발된다.

180도로 다르게 해석되는 말

나오토는 어머니에게 열심히 하라는 말을 끊임없이 들으며 자랐습니다. '열심히 해'는 일반적으로 응원의 의미로 사용하는 말입니다. 하지만 나오토는 자기가 응원받는다고 느끼지 않았죠. 오히려 부정적인 의미의 말로 받아들였습니다.

특히 아버지에 대한 험담을 어릴 적부터 지겹도록 들어온 탓에 어느 순간부터 무의식중에 자신과 아버지를 동일시했습니다. 그래서 어머니의 '열심히 해'는 자신을 부정하는 말로밖에 들리지 않았던 겁니다. '제대로 살지 않으면 아버지처럼 쓸모없는 인간이 되는 거야', '공부라도 열심히 하지 않으면 넌 가치가 없다'라고 비난하는 것처럼 들렸습니다.

열심히 하라는 말 자체는 긍정적이더라도 피해의식이나 소외감을 느끼는 아이는 부정적으로 받아들입니다. 비행청소년에게서 자주 보이는 현상입니다. 비뚤어진 시선으로 세상을 보고 있는 상태에서는 격려나 응원의 말도 자기를 무시하는 듯이 들리게 마련입니다.

나오토가 피해의식과 소외감을 강하게 갖게 된 원인을 살펴보면 평소 부모와의 커뮤니케이션에 문제가 있었습니다. 아들을 아끼는 어머니의 마음이 제대로 전달되었더라면 나오토도 열심히 하라는 말을 순수하게 들었을 겁니다.

비행청소년의 부모들과 상담하면 자신은 폭언을 내뱉지 않을뿐더러 스스로는 아이를 위해 좋은 말을 많이 해줬다고 생각합니다. 1장에서도 설명한 것처럼, 주의가 필요한 것은 부모의 객관적 사실이 아니라 아이의 '주관적 현실'입니다. 부모가 어떤 말을 하는가도 중요하지만, 아이가 어떻게 받아들이느냐를 배려했는지가 자녀교육에서 가장 중요합니다.

부모가 자녀에게 잔소리하는 상황을 상상해봅시다. 이때 잔소리 내용은 전혀 나무랄 데가 없고 정당한 표현일지도 모릅니다. 아이가 상처받지 않게 부모가 말을 가려서 했을지도 모르죠. 그런데 부모는 아이를 위해 좋은 말을 해줬으니 '자기도 깨닫는 게 있겠지' 하고 생각할지라도, 부모와 같은 생각을 하는 아이는 거의 없습니다. 오히려 엄마 아빠가 아무것도 모른다며 실망을 느끼는 경우가 허다합니다.

소년분류심사원에서 문제 아이들을 면담하다 보면 이러한 사실이 여실하게 드러납니다. 대화가 길어질수록 아이는 아이대로 부모를 전혀 신뢰할 수 없었다고 억울해하고, 부모는 부모대로 잘되라고 열심히 응원해줬는데 애가 전혀 부응하지 않아서 힘들었다고 표현합니다.

여기서 객관적 사실은 부모가 아이에게 응원의 말을 자주 건넸다는 점이고, 주관적 현실은 아이가 부모의 말을 응원으로 받아들이지 못했다는 점이죠. 같은 말이라도 듣는 사람에 따라 180도로 다르게 해석될 수 있습니다. 받아들이는 방식이 저마다 다르기 때문입니다. 이런 문제는 부모와 자식 간의 관계는 물론 친구, 연인, 동료 사이에서도 빈번하게 발생합니다. 그런데 우리 아이에게만 너무 엄격한 잣대를 두고 지나치게 기대하지는 않았는지 되돌아보기를 바랍니다.

의욕은 내면에서 만들어지는 것

'열심히 해'라는 말은 '의욕을 내라'라는 의미로 사용될 때가 있습니다. 나오토는 어렸을 때부터 공부에도 놀이에도 그다지 의욕이 없었습니다. 이를 보다 못한 어머니가 '의욕'을 가졌으면 좋겠다는 의미에서 입버릇처럼 열심히 하라고 말했습니다.

그러나 의욕은 단순히 부모의 말 한마디에서 시작될 수 있는 게 아닙니다. 의욕은 '할 마음'입니다. 즉 아이의 내면에서 만들어지는 것이기에 외부에서 타인이 억지로 심어줄 수는 없습니다. 다만 의욕을 북돋울 수는 있겠죠. 심리학에서는 이를 '동기부여'라고 말합니다.

동기부여가 잘 이뤄졌다면 나오토도 공부든 놀이든 여러 일에 흥미를 느끼고 집중했을 겁니다. 초등학교 6학년 때 담임 선생님은 나오토를 칭찬하며 공부 의욕을 북돋웠습니다. 실제로 나오토는 난생처음 성취를 느낄 만큼 공부했습니다. 그러나 어머니는 그런 나오토의 노력에 칭찬은커녕 의욕을 꺾는 반대의 말을 하고 말았습니다.

이전에도 부모의 말에 나오토의 마음이 다치는 일은 많았지만 가장 결정적인 순간은 바로 이때입니다. '열심히 해'는 부모 입장에서 아이가 지금처럼 분발해 더 나은 성적을 냈으면 하는 응원을 담은 말이었습니다. 그러나 이 말은 아이에게 '결국은 결과'가 더 중요하다는 느낌을 전했습니다.

어떤 일에도 큰 의욕이 없던 나오토가 처음으로 노력해서 국어 성적을 한 단계 끌어올렸습니다. 부모 입장에서는 성적이 아쉬웠을지언정 아이가 노력한 과정을 칭찬해줬어야 합니다. '열심히 해'가 아니라 '열심히 했구나'라고 과정을 인정하는 말을 건네야 진짜 응원이 되고 아이의 의욕을 북돋울 수 있습니다.

자신의 노력을 부정당한 나오토는 노력하기를 그만뒀습니다. 모처럼 싹튼 의욕이 처참히 꺾여버렸죠. 그 후로 방 안에 틀어박힌 채 생활하면서 초조한 마음은 있었지만, 스스로의 인생 과제를 해결할 의욕이 없어졌습니다.

결국 부모와의 불통과 갈등으로 지치고 무기력해진 나오토는 대마로 도망쳤습니다. 그야말로 현실 도피죠. 현실에서 쉽게 눈을 돌릴 수 있고 괴로움을 잊어버리게 하는 수단에 금세 의존하게 되었습니다. 현실 도피에 의지할수록 의욕이 사라져 실제 생활로 돌아오기는 점점 더 어려워집니다.

노력해도 소용없다는 학습된 무력감

'뭘 해도 어차피 상황은 변하지 않을 거야. 노력해봤자 소용없어.'

처음부터 의욕이 없었던 상황이 아니라, 노력해도 결과가 따라오지 않는 경험을 여러 차례 반복하는 사이에 의욕을 잃고 행동하지 않게 되는 것을 심리학에서 '학습된 무력감'이라고 말합니다.

학습된 무력감은 1967년에 심리학자 마틴 셀리그먼^{M. Seligman}이 정립한 개념으로, 가설을 검증하기 위해 다음과 같은 실험을 진행했습니다. 개를 두 그룹으로 나눠 양쪽 모두 전류가 흐르는 방에 넣었습니다. 이때 A그룹은 특정 스위치를 누르면 전기 충격을 멈출 수 있는 방에 넣고, B그룹은 어떤 행동을 해도 전기 충격을 멈출 수 없게 만들었습니다.

각각의 방에서 한동안 생활한 두 그룹의 개들을 이번에는 낮은 벽으로 둘러싸인 방에 옮겨 넣었습니다. 이 방에도 똑같은 전류가 흐르지만, 낮은 벽만 뛰어넘으면 전기 충격에서 피할 수 있습니다. A그룹의 개는 어렵지 않게 벽을 뛰어넘어 전기 충격에서 벗어났습니다. 하지만 B그룹의 개는 별다른 노력 없이 전기 충격을 받으며 그대로 남았습니다.

이 실험을 통해 아무리 노력해도 전기 충격이 사라지지 않는다는 학습을 반복한 개는 고통에서 벗어날 수 있는 환경이 되어도 행동하지 않는다는 사실이 밝혀졌습니다. 학습된 무력감으로 포기가 빨라진 것이죠.

학습된 무력감에 빠지면 '이번엔 실패했지만 다음번에는 성공할지도 몰라, 그러니 다른 방법을 시도해보자' 같은 의욕적인 생각이 들지 않습니다. 어떤 시도조차 하지 않고 포기합니다.

학습된 무력감은 2장에서 이야기한 교도소화 현상과 비슷해 보이지만 자세히 들여다보면 다릅니다. 교도소화는 한정된 공간에서 모든 걸 강제당하고 명령에 복종하는 사이에 스스로 판단을 내리거나 행동하지 못하게 되는 것입니다.

이와 반대로 학습된 무력감은 자유로운 환경에서 발생합니다. 자신의 의지대로 생각하고 행동할 수 있는데도, 기대와 달리 결과가 나오지 않는 경험을 여러 번 반복한 탓에 그다음부터는 포기하게 되는 것입니다.

둘 다 사회 어디서든 종종 목격할 수 있으나 가정에서는 학습된 무력감으로 인한 문제가 더 많습니다. 아이가 학습된 무력감에 빠지지 않게 하려면 결과가 아닌 과정을 칭찬해야 합니다. 결과는 노력의 결실이기 때문에 칭찬과 축하를 받는 게 당연합니다.

그러나 과정은 때로 실패한 결말이 될 수도, 성공한 결말이 될 수도 있습니다. 아이의 도전과 노력하는 과정을 응원해주지 않는다면 어떤 결과에도 도달하지 못할 수 있습니다. 아이는 계속해서 자라나며 앞으로 나아가야 합니다. 어른이 된 우리 모두 그러한 과정을 거치며 많은 시도와 실패를 경험했습니다.

그러니 결과를 기다리기 이전에 아이가 스스로 생각하고 행동으로 옮겼다는 과정 그 자체를 칭찬합시다. '칭찬은 고래도 춤추게 한다'는 마법의 말이 있지 않습니까.

예를 들어 아이가 시험공부를 하고 있다면 "열심히 하네?" 하고 다정한 말을 건네면 됩니다. 어렵게 생각할 필요가 없습니다. 아이가 무언가에 집중할 때 '엄마는 너의 행동을 지켜보고 지지하고 있어' 하는 의미를 담아 가볍게 말을 건네는 것으로 충분합니다.

부모에게 노력의 과정을 칭찬받으면 아이는 비록 결과가 기대와 다르더라도 쉽게 포기하거나 우울해하지 않고 상황을 객관적으로 받아들일 수 있습니다. 그리고 오히려 다음에 더 열심히 하겠다는 의지를 불태우는 계기가 되기도 합니다.

좋은 결과에 대한 칭찬도 아이 성장에 무척 중요하니 잊지 말아야 합니다. 다만 우리네 인생처럼 아무리 열심히 해도 좋은 결과로 이어지지 않는 일은 얼마든지 있으니, 아이의 과정에도 관심을 가

저주세요. 결과에 연연하지 않고 다시 도전하는 아이로 키우려면 부모가 결과보다 과정을 높이 평가하는 습관을 들여야 합니다.

의욕이 없는 것처럼 연기하는 아이

본인은 열심히 한다고 하는데 옆에서 보기에는 의욕이 없어 보이는 경우도 있습니다. 비행청소년 가운데 실제로 의욕이 없는 게 아니라 '의욕이 없어 보이는' 아이가 의외로 많습니다. 자기가 노력하는 모습을 남들에게 보이는 걸 창피하게 생각해서 일부러 의욕이 없는 것처럼 행동하는 경우도 있죠. 스스로에 대한 불신이 큰 탓입니다.

그런 아이에게 사정도 모른 채 "열심히 좀 공부해봐", "넌 왜 그렇게 의욕이 없니?"라고 말해봤자 역효과가 날 뿐입니다. 아이는 속으로 '지긋지긋한 잔소리!'라고 생각하며 반항심으로 부모의 말을 들은 척도 하지 않겠죠.

의욕이 없어 보이는 아이라도 관심 있는 무언가가 하나쯤은 있습니다. 아이를 관찰하다가 그 무언가를 발견한 순간, 가볍게 칭찬의 말을 건네는 것이 의욕 없어 보이는 아이에게 다가가는 가장 바람직한 접근법입니다.

"오, 잘하네!"

이 정도면 충분합니다.

"딱히 하고 싶은 일 같은 건 없어요. 노력해봤자 어차피 소용없잖아요." 하며 냉랭한 태도를 보이는 비행청소년도 그들의 사소한 행동이나 어떤 과정을 칭찬하다 보면 어느 순간부터 봇물 터진 듯 말을 쏟아낼 때가 있습니다. 마치 삐뚤어져 있던 것이 원래의 바른 상태로 돌아간 것처럼 말입니다.

마음이 삐뚤어진 어른을 되돌리기는 무척 어렵지만 아이는 그렇지 않습니다. 소년분류심사원에 있는 제멋대로의 아이들도 제대로 된 관심과 꾸준한 학습을 통해 금방 순수한 본래의 모습으로 돌아오니 말입니다.

지속적인 관찰로 '나는 너에게 관심이 있다'라는 걸 보여주고, '너는 이걸 좋아하는구나' 정도의 가벼운 칭찬의 말을 건네며 아이가 안심할 때까지 기다려주세요. 아이가 의욕이 없어 보이거나 반항적인 행동을 보인다고 부모나 주변 어른들이 금방 포기해서는 안 됩니다.

열심히 하지 않는 원인은 무엇일까?

어른들은 끊임없이 아이들에게 "열심히 해"라고 말합니다. 그 대상이 꼭 공부가 아니더라도 말이죠.

그런데 애당초 뭘 어떻게 열심히 하면 된다는 걸까요? 무작정 열심히 하라고 요구하면 아이는 막막할 수밖에 없습니다. 열심히 하라는 말로 끝내지 말고 구체적으로 뭘 어떻게 하는 것이 좋은지도 같이 제시해줘야 합니다. 아이가 부모의 말에 '그 정도라면 해볼 만하다'라고 느낀다면 앞으로 한 걸음 더 내디딜 수 있죠.

이를 심리학에서 '스몰 스텝small step 학습'이라고 부릅니다. 갑자기 감당 불가능한 커다란 목표와 마주하는 게 아니라 '실현 가능한' 작은 목표를 여러 개 세워서 성취감을 자주 느끼도록 하는 방법입니다.

아이가 무엇에도 의욕이 없어 보이거나 포기한 듯 보인다면 '열심히 하지 않는 원인'을 함께 찾아보는 시도를 해보세요. 예를 들어 학교 숙제를 펼쳐둔 채 시작도 하지 않고 딴짓만 하거나 음료수를 홀짝거리며 시간만 하염없이 흘려보내는 아이가 있다고 해봅시다. 숙제를 할 의욕이 전혀 없어 보입니다. 간신히 연필을 잡았나

싶더니 이번에는 "음…" 하며 머리를 감싸 쥐고 있습니다.

"열심히 해봐!"

옆에서 이렇게 말한다 한들 아이가 열심히 할 수 있을 리가 없습니다. 틀림없이 아이가 집중하지 못하는 이유가 숨어 있을 겁니다. 문제의 원인부터 찾아야 합니다.

예를 들어 수학 문제 숙제인데, 새로 배운 두 자릿수 곱셈이 어려워서 숙제에 손을 못 대는 건지도 모릅니다. 아이는 곱셈 개념을 제대로 이해하지 못해서 문제를 풀 수 없다고 포기하고 있습니다. 이런 경우에는 쉬운 계산이니 부모가 옆에서 도와줄 수 있죠. '자, 봐봐. 이럴 때는 이렇게 받아올리면 값이 나와' 하며 구체적으로 아이가 고민하는 지점을 해결해주면 그다음 문제부터 아이가 시도해볼 수 있습니다.

또는 어쩌면 단순한 이유일 수도 있습니다. 숙제를 해야 하지만 졸리거나 배가 고픈 건지도 모릅니다. 다른 고민이 있어서 집중하지 못하는 건지도 모르죠. 어쨌든 아이가 집중하지 못하는 이유를 찾아 그것부터 해결하지 않으면 열심히 할 수가 없습니다. 아이의 행동을 관찰하면서 "왜 숙제를 하고 싶지 않아?", "언제쯤이면 하고 싶은 마음이 들까?" 하고 아이의 의사를 물어보며 집중하지 못하는 진짜 원인을 찾아보세요.

자기실현은 단번에 생기지 않는다

이번에는 아이가 열심히 하지 않는 원인을 다른 각도에서 살펴봅시다. 심리학자 에이브러햄 매슬로^{Abraham Maslow}의 이론에 따르면, 인간의 욕구는 피라미드 모양의 다섯 단계로 구성되어 있다고 합니다. 피라미드의 가장 아래층부터 차례대로 '생리적 욕구', '안전의 욕구', '사회적 욕구', '인정의 욕구', '자아실현의 욕구'로 이루어져 있습니다.

매슬로에 의하면 인간의 행동은 기본적 욕구에 따라 동기화됩니다. 피라미드의 아래 단계서부터 욕구가 채워져야 비로소 그 위 단계의 욕구를 가질 수 있다는 것이 포인트입니다.

즉 밥을 먹거나 잠을 자는 등의 '생리적 욕구'가 채워지지 않은 상태에서는 '안전한 장소에서 살고 싶다(안전의 욕구)'는 마음이 생기지 않는다는 말입니다.

참고로 이 욕구 위계를 설명하자면 다음과 같습니다.

생리적 욕구

식사·수면·배설 등 살아가기 위한 원시적이고 본능적이며 기본적인 욕구

안전의 욕구

위험을 회피하고 안전하고 안심할 수 있는 환경에서 살고자 하는 욕구

사회적 욕구

집단에 소속되거나 동료를 구하고자 하는 욕구. 또는 지속적인 친밀감을 가지는 소속과 애정의 욕구

인정의 욕구

소속된 집단 안에서 좋은 평가를 받고, 능력을 인정받고자 하는 욕구

자아실현의 욕구

자신만이 할 수 있는 일을 달성하고, 자신의 개성이나 가능성을 발휘하며 살고자 하는 욕구

부모는 가장 위 단계인 '자기실현'에 대해서만 이야기하기 쉽습니다.

"네 재능을 최대한 살려서 특별한 사람이 되면 좋겠어."

"네가 정말 하고 싶은 일을 찾아서 꿈을 이뤘으면 좋겠구나."

물론 인간으로서 최종적으로 지향하는 것은 자기실현이겠죠. 하

매슬로의 욕구 5단계 이론

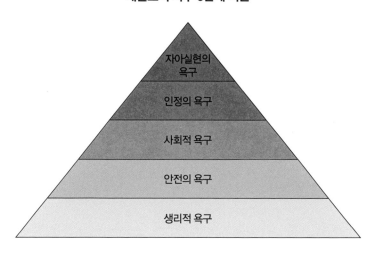

지만 자기실현을 이야기하기에 앞서서 아래 단계의 욕구가 어떤 상태인지를 살펴봐야 합니다.

부모는 '꿈을 향해 노력해라'라고 말했지만, 정작 아이는 아직 '인정의 욕구'가 충족되지 않았을지도 모릅니다. 엄마 아빠를 통해 인정받고 싶은데 그렇지 못해 불만인 상태라면 자기실현을 생각할 여유가 없습니다.

아이가 진로 문제로 한창 공부에 집중할 시기가 되면 부모는 아이의 동기부여를 도와주겠다는 의도로 "주변 사람들한테 인정받으려면 지금부터 더욱 열심히 해야 해"라고 말하곤 합니다. 그러나 아이는 아직 자기 목표를 찾지 못하고 부모의 안정적인 애정을 필요로 하는 시기인지도 모릅니다. 부모의 시선에서 아이를 바라보는 게 아니라 아이의 시선에서 아이를 바라보는 게 중요한 이유입니다.

하위 단계의 욕구가 충족되지 않았는데 갑자기 "꿈을 이루려면 노력이 필요해"라고 말해봤자 아이는 부담만 느끼고 더 의욕을 잃어갈 겁니다.

동기부여의 부작용

여기까지 이 책을 집중해서 읽은 부모라면 "아이에게 무리하게 강요하면 안 된다는 건 알겠지만, 그래도 숙제나 시험 준비는 열심히 해야 하는 거 아닌가요?"라고 물어보고 싶은 사람이 있을 겁니다. 아이가 제 일에 집중해야 하는 시기와 과업이 있다는 것은 저도 이해합니다. 미래 진학에 영향을 끼치는 시험은 특히 중요하죠. 그럴 때는 어떻게 아이에게 동기부여를 하는 게 좋을까요?

동기부여는 2가지 종류가 있습니다.

하나는 '외부적인 동기부여'입니다. 이는 흔히 알고 있듯이 평가

나 보상으로 다음 행동을 촉진하는 방법입니다. 예를 들면 영업 성적에 따라서 급여나 보너스가 늘어나는 경영 시스템이 바로 외부적인 동기부여를 이용한 방법이죠.

또 하나는 '내부적인 동기부여'입니다. 이는 과제를 달성했을 때 발생하는 만족감이 스스로 다음 과제를 달성하도록 이끄는 것입니다. 2가지 모두 효과적인 동기부여 방법인데 때와 상황, 조합에 따라서는 역효과가 생기기도 합니다.

아이가 열심히 공부하기를 바랄 때 일반적으로 외부적 동기부여를 준비합니다. 일종의 노력에 대한 상이죠.

"이번 시험에서 10등 안에 들면 네가 갖고 싶어 하던 게임기를 사줄게."

"오늘 학원 시험에서 90점 이상 맞으면 이따 끝나고 아이스크림 사줄게."

꼭 시험이 아니라도 일상생활에서 아이 잘못을 바로잡기 위해 상을 주는 방법을 시도해봤을 겁니다. 여기서 알아둬야 할 것이 '언더 마이닝 효과undermining effect'입니다.

언더 마이닝 효과란 내부적으로 동기부여가 된 행동에 대해 외부적인 동기부여를 함으로써 동기부여를 약화하는 현상을 뜻합니다다. 아이 스스로가 열심히 하려고 했는데 부모가 끼어들어서 "잘하면 상을 줄게"라고 말한다면 행위의 목적이 '보람'에서 '상(보상)'으로 바뀌어버립니다. 다음부터 아이는 보상이 없으면 잘 움직이지 않게 됩니다.

예를 들어 아이가 '엄마 일을 돕고 싶다', '나도 집안일을 해보고 싶다'라는 마음이 들어 스스로 심부름을 하고 있다고 가정해봅시다. 이때 엄마는 기특한 마음에 "오늘 엄마 일을 도와줬으니까 용돈 줄게" 하며 일에 대한 보상을 건넵니다. 그러면서 이런 말을 덧붙입니다.

"네가 심부름 한 번 할 때마다 1,000원씩 줄 테니까 힘내!"

이런 식으로 외부적인 동기부여를 하면 아이는 그때부터 1,000원을 받기 위해서만 심부름을 합니다. 그리고 보상이 없을 때는 심부름을 하지 않죠. 아이가 스스로 생각한 내부적인 동기가 줄어드는 것입니다.

금전적인 보상이나 아이가 원하는 물건을 사주는 등의 물질적 보상 외에도 문제 행동에 벌칙을 만들거나 경쟁시키는 것 역시 외부적 동기부여에 해당합니다.

"8시까지 숙제를 끝내지 않으면 오늘 간식 없어."

"심부름한 날에는 달력에 칭찬 스티커를 붙일 거야. 언니랑 한

달 동안 누가 더 많이 스티커를 붙였는지 세서 이긴 사람에게만 특별한 상을 줄 거야."

이렇게 해도 외부적 동기가 목적화됩니다. 아이는 사탕처럼 달콤한 부모의 유혹에 순순히 따르는 경우가 많습니다. 문제는 앞서 말한 것처럼 아이가 보상에 길들여지면 스스로 내부적 동기부여를 하기가 쉽지 않다는 점입니다. 아이가 의욕을 가지도록 지키려면 오히려 부작용으로 작용할 수 있는 언더 마이닝 효과에 주의해야 합니다.

그렇다면 '칭찬'은 어떨까요?

금전을 포함한 물질적 보상에 비해 심리적 보상은 언더 마이닝 효과를 발생시킬 가능성이 적습니다. 다만 결과에 대해서만 칭찬한다면 이것 역시 '목적화'될 우려가 있습니다.

집안일을 예로 들어봅시다. 아이가 엄마 일을 돕겠다고 해서 빨래 개는 일을 부탁합니다. 이때 의욕적으로 빨래를 빠르고 깔끔하게 갰을 때는 칭찬해주고, 딴짓을 하며 느릿느릿 개거나 대충 삐뚤게 정리했을 때는 칭찬하지 않으면 아이는 칭찬받고 싶어서 열심히 하겠죠. 어떤 경우라도 빨래를 개는 실력이야 늘겠지만 본래 자발적으로 가지고 있던 '집안일을 돕고 싶다'는 의욕은 감퇴할 수 있습니다.

그 이유는 '칭찬'을 목표로 삼았기 때문입니다. 그래서 빨래를 잘 개도 칭찬을 받지 못하게 되면 더 이상 빨래 개는 일에 흥미를 느끼지 않습니다.

반대로 아이가 의욕을 가지는 것 자체에 대해 칭찬하면 저절로 의욕이 높아집니다.

"집안일을 잘하고 싶다니 기특한걸?"

과정을 칭찬하는 일도 마찬가지입니다.

"오! 예쁘게 잘 접고 있네?"

"주름을 펴가면서 접다니 대단한데!"

이렇게 말하면 점점 더 의욕이 생기겠죠. 아이의 목표 달성에 상을 이용할 때는 심리적 보상과 잘 조합하는 것이 요령입니다. 상은 그 자체로 아이에게 무척이나 기쁜 일이지만, '나한테 상을 줄 때 엄마가 엄청 기쁜 얼굴을 해', '아빠가 나 잘했다고 칭찬해주네' 같은 심리적인 인정 욕구도 크게 작용합니다. 단순히 원하는 물건을 손에 넣는 것만으로는 기쁨에 한계가 있고 의욕도 크게 생기지 않습니다.

그렇기 때문에 아이가 하는 과정을 칭찬하면서 아이와 합의한 적절한 상을 건넬 때는 부모 역시 무척 기쁘다는 사실을 진심의 말로 전달하는 게 좋습니다.

회복탄력성은 과연 마음을 회복시킬까?

모든 아이가 똑같지 않기에, 의욕을 갖고 목표를 향해 노력해도 반드시 달성할 수 있으리라는 보장은 없습니다. 아이가 목표를 달성하지 못했을 때, 즉 실패했을 경우도 생각해봅시다.

예를 들어 아이가 어떤 시험을 열심히 준비했는데 불합격하고 말았습니다. 그러면 자연스럽게 자신감이 떨어집니다. 침울해지는 건 아이든 어른이든 누구나 어쩔 수 없습니다. 실패한 뒤에 의욕이 없어지는 것은 평범한 반응입니다. 그런데 크게 좌절한 나머지 긴 시간이 지나도 회복하지 못한다면 곤란합니다.

최근 주목받고 있는 '회복탄력성'은 역경이나 곤란을 극복하는 힘으로 알려져 있습니다. 심리학에서 회복탄력성은 '역경이나 트라우마, 참사, 위협 등 중대한 스트레스 요인과 직면했을 때 잘 적응하는 과정'을 나타내는 단어로 사용됩니다. 단순하게 말해 '어려움을 극복하는 힘'이라는 뜻입니다.

심리학에서 회복탄력성이라는 개념이 널리 퍼진 것은 2차 세계

대전 때 자행된 유대인 대학살에서 생환한 아이들에 관한 연구를 진행하면서부터였습니다. 이 아이들은 강제수용소에서 끔찍한 죽음을 목격하며 극한의 스트레스 상황에 놓여 있었습니다.

살아남은 아이들의 이후 행적을 추적 조사했더니 과거의 트라우마에서 벗어나지 못하고 온갖 비정상적인 문제를 겪는 사람이 있는가 하면, 트라우마를 말끔히 극복하고 인생을 긍정적으로 사는 사람도 있다는 사실이 밝혀졌습니다.

끔찍한 과거에도 불구하고 긍정적으로 살아가는 사람들의 공통점이 바로 '회복탄력성'이었습니다. 연구에 따르면 그들은 다른 사람보다 적응력과 회복력이 높았습니다.

최근에는 더 넓은 분야에서 회복탄력성이 이용되면서, 변화가 빠르고 스트레스가 많은 요즘 시대를 잘 헤쳐나가기 위한 중요한 마인드로 자리 잡았습니다. 회복탄력성의 힘은 견고함보다는 '부드러움'에 있습니다.

강한 바람이 불어오면 휘어지는 대나무처럼, 부러지지 않고 구부러졌다가 원래대로 돌아오는 유연한 성질이 회복탄력성입니다. 회복탄력성이 높은 사람은 다소 침울해지는 일이 있더라도 금세 유연하게 회복하며 다시 힘을 내보려 노력합니다.

이때 오해하지 말아야 할 점이 있습니다. 바로 '침울해지지 않는 것'은 중요하지 않다는 사실입니다. 나에게 소중하고 의미가 커다란 목표일수록 실패하면 그만큼 실망이 크겠죠. 실패하지 않는 일만 목표로 삼는 사람도 없을 겁니다. 이 세상에서 단 한 번도 실패하지 않은 사람은 없습니다. 실패에 면역이 없는 사람이야말로 쉽게 부러집니다.

운동선수를 통해 알게 된 회복탄력성의 비결

회복탄력성은 그냥 저절로 얻어지는 능력이 아닙니다. 실패하고 또는 여러 번 좌절을 경험하고 극복하는 과정을 통해 생겨납니다.

저는 NHK 〈치도리의 스포츠 입지전千鳥のスポーツ立志伝〉이라는 토크 예능 방송에서 게스트로 출연한 운동선수들의 심리 분석을 담당한 적이 있습니다. 신기하게도 출연하는 선수마다 회복탄력성이 높아서 감탄했습니다. 그들은 중요한 대회를 앞두고 느끼는 압박감이나 슬럼프, 부상 등의 스트레스가 높은 상황에서도 절대 굴하지 않았습니다. 보통 사람이라면 빠르게 좌절할 법한 상황에서도 포기하지 않고 앞으로 나아가는 일에만 집중했습니다.

그들은 어떻게 이토록 회복탄력성이 높을 수 있을까요? 답은 단순명료합니다. 운동선수로서 일반인보다 더 많이 실패하고 위기를 겪어왔기 때문입니다.

어떤 운동선수라도 위기는 있기 나름이고, 이를 이겨낸 경험이 많이 있기에 '다음에 또 새로운 위기가 찾아와도 얼마든지 극복할 수 있다'고 자신합니다. 실패를 여러 번 딛고 이겨내봐서 문제와 위험이 닥쳤을 때 스스로 일어나는 법을 판단하는 강인함을 가지고 있었습니다.

국제장애인올림픽대회인 패럴림픽Paralympics에 대해 들어보거나 한 번쯤 경기를 본 적이 있을 겁니다. 같은 방송에서 어느 패럴림픽 선수의 심리 분석을 했을 때의 일입니다. 그때 그 선수의 어머니도 함께 계셨는데, 어머니 역시 무척 밝고 훌륭한 분이셨습니다. 신체적 한계에도 불구하고 선수가 하고자 하는 일을 항상 힘차게 응원해주셨는데, 그 방식은 참견이나 조언을 하는 게 아니라 그저 옆에서 묵묵히 지켜보는 것이었습니다.

패럴림픽 선수의 부모는 일반 선수보다 물리적 제한이 있는 자녀가 부상을 당할까 봐 매사 초조하고 걱정스러운 마음으로 가득합니다. 그런데 이 선수의 어머니는 아이가 넘어지지 않도록 지팡이가 되어주는 게 아니라, 넘어져도 다시 일어설 수 있게 '계속 도전해봐'라는 의미를 담은 지지의 말과 행동을 해줬습니다. 원정을 갈 때 반드시 따라가서 가장 큰 목소리로 응원하고, 아이가 힘들어 할 때도 뒤에서 묵묵히 지켜보며 힘이 되어줬습니다.

아이를 키운다는 건 엄청난 인내심을 필요로 하는 일인지도 모릅니다. 그저 아이가 타고난 그대로 믿고 지켜보는 것은 부모로서 인내가 필요한 힘든 일입니다. 차라리 손을 내밀어 도와주는 편이, 아이의 어려움을 내가 대신 해결해주는 편이 훨씬 더 마음 편할 겁니다.

그러나 아이는 실패와 역경을 경험하고 또 극복해야만 회복탄력성이 높아집니다. 비로소 웬만한 일에도 꺾이지 않는 굳건한 마음을 가지게 되죠. 게임을 생각해보면 이해하기 쉽습니다. 경험치 없이는 회복탄력성을 기를 수 없습니다.

공부든, 인간관계든, 감정이든 아이가 좌절한다고 해서 부모도 함께 무너지지 않는 것이 중요합니다. 아이와 과하게 동화되어 부모가 마치 자기 인생이 끝날 것처럼 슬픈 표정을 짓고 있으면, 아이가 아무리 힘을 내려고 해도 벼랑 끝에서 기어 올라올 힘이 솟아나지 않습니다.

아이가 힘들어하는 상황에서 부모가 무턱대고 "힘내"라고 말하는 것은 와 닿지 않을 때가 있습니다. 오히려 "지금은 힘들지만 분명 좋아질 거야"라는 지지의 말로 아이가 희망을 느끼게 해주는 것이 좋습니다.

예로 들었던 패럴림픽 선수는 과거 선수 활동에 지장이 생길 정도로 큰 부상을 입은 적이 있다고 합니다. 어머니 역시 충격을 받았죠. 그러나 아이 앞에서는 결코 눈물을 보이지 않고 현실적인 희망을 찾으려 애썼다고 합니다.

아이 스스로 빛을 찾을 수 있게 건네는 말

우리 아이가 어떤 고민이나 문제로 좌절에 빠질 때, 희망의 빛을 보여주는 일이야말로 부모의 가장 중요한 역할이라고 생각합니다.

물론 희망의 빛을 보여주기에 앞서서 실패의 직접적인 원인을 찾아야 하는 경우도 있습니다. 하지만 아이가 원인을 찾아보거나 깨닫기도 전에 어른이 먼저 나서서 실패 원인을 추궁하는 건 잔소리 외에 큰 의미가 없습니다.

좌절한 아이는 누가 시키지 않아도 실패 원인에 의식이 향하기 마련이죠. 아마도 여러 상황을 유추하며 속으로 끙끙 앓을 가능성이 높습니다. 거기에 부모까지 합세해서 논리적으로 원인을 따지고 들면 아이는 좀처럼 다시 일어설 기운이 나지 않을 겁니다.

아이 스스로 무엇이 문제인지 과정을 복기해야 배우고 익힐 수 있습니다. 실패한 과정을 구구절절 설명해주는 것은 학습이 되지 않습니다. 그래서 늘 어느 상황에서나 아이 본인이 스스로 하는 생각을 존중해줘야 합니다. 이때는 인정의 말이 필요합니다.

"그렇구나. 그 덕분에 이럴 때는 어떻게 해야 하는지 알게 됐을 거야."

"이번에는 아쉽겠지만 다음에는 네가 준비한 만큼 잘할 수 있을 거야."

부모의 인정보다 더 따뜻한 말은 없습니다.

5장

"
몇 번을 말해야
알아듣겠니?
"

아이의
눈부신 자기긍정감을
해치는 말

죄명

원조교제

불특정 다수와 관계를 하며 돈을 받아내다

중학교 3학년인 히토미는 고등학교 진학을 앞두고 있었습니다. 부모님은 학비는 비싸도 상관없으니 학업 수준이 높은 고등학교에 들어가라고 말했습니다. 부모님 두 분 모두 고학력으로 공부든 일이든 성적이 좋아야 나중에 행복해진다는 가치관을 갖고 있었죠.

물론 아이에게 자신들의 가치관을 과도하게 요구하는 것은 교육에 좋지 않다는 사실 역시 알고 있었기에 직접적으로 이래라저래라 하지 않으려고 애썼습니다. 그래서 히토미가 아주 어렸을 때부터 우수한 제삼자를 대신 칭찬하는 방식으로 아이가 자극받아 스스로 목표를 설정할 수 있게 말했습니다.

"미사는 유치원에서 그린 그림으로 대회에 입상했대."

"겐은 아직 초등학교도 안 들어갔는데 구구단을 벌써 술술 외운다고 하네?"

어머니는 항상 이런 식으로 들으라는 것처럼 이야기하고는 했습니다. 히토미를 보란 듯이 잘 키우면 여동생과 남동생의 본보기가 될 거라 생각했기에 3남매 가운데 장녀인 히토미에게 기대가 컸습니다. 하지만 어린 히토미는 어머니의 이런 말들이 자신을 향한 메시지라는 사실을 눈치채지 못하고 '미사랑 겐은 대단하구나'라고 생각할 뿐이었습니다.

초등학교 3학년이던 어느 날 히토미는 학교에서 돌아와 숙제하려고 책상 앞에 앉았습니다. 더운 여름날이었던 데다가 수영 수업도 있었기 때문에 무척 피곤했던 히토미는 책상에 푹 엎드려 잠들고 말았습니다.

"도대체 몇 번 말해야 알아듣겠니!"

히토미는 느닷없는 어머니의 고함에 소스라치게 놀라며 잠에서 깼습니다. 무슨 영문인지 당최 알 수가 없었죠.

"얼마 전에 내가 친구 케이 얘기했었지? 케이는 아무리 피곤해도 숙제는 꼭 하고 나서야 다른 걸 한다더라. 그래서 그런지 애가 참 착실하고 성적도 좋다는 얘기를 분명 했을 텐데?"

히토미는 그제야 '아…. 그런 거였구나!' 하고 깨달았습니다. 어려서

부터 어머니가 자신은 칭찬해주지 않고 주변 아이들만 칭찬한다고 느꼈는데, 그게 바로 주변 아이들처럼 되라는 메시지였던 것입니다. 그 후에도 어머니는 히토미를 은근히 부정하는 듯한 말을 할 때가 많았고, 히토미는 자신감을 점점 잃어갔습니다. 부모님의 평가가 신경 쓰여서 스스로 공부 목표를 세우거나 노력할 수 없었죠. 언젠가부터는 자신보다 못한 사람을 찾아서 안심하는 버릇이 생겼습니다.

중학생이 되어 학원에 다니면서 연락용으로 휴대전화를 받았습니다. 처음으로 SNS를 접하고는 그 세계에 푹 빠져들었습니다. 자신을 밝히지 않아도 여러 사람과 교류할 수 있었으니까요. 게다가 여중생이라고 하면 많은 남성들이 잔뜩 추켜세워줬죠. 그들은 히토미의 고민을 들어주고 칭찬도 해줬습니다. '나는 이대로도 괜찮구나. 잘못하고 있는 게 아니구나'라는 생각이 들어서 왠지 기뻤습니다.

얼마 지나지 않아 자주 연락을 주고받던 한 성인 남성이 만나자고 요구했고, 실제로 만났습니다. 그날 성적인 관계를 맺고는 돈을 받았죠. '나한테도 가치가 있구나.'

곧 돈을 받은 만족감에 젖어 들었습니다. 찜찜함이 없었던 것은 아닙니다. 하지만 '만나달라는 남자에게 돈을 받는 것뿐이다', '몸을 바라고 접근하지 않는 남자도 있으니까, 뭐' 하며 심각한 문제는 아니라고 생각하기로 했습니다.

그 후 자연스럽게 여러 남성을 만났습니다. 그러다 관계를 한 남성이 체포되면서 히토미의 원조교제가 발각되었고, 그길로 소년분류심사원에 들어갔습니다.

자신을 소중히 여기지 못하는 아이들

이번 케이스는 '우범'이라 하여 범죄를 저지를 우려가 있는 상황을 실제 사례와 데이터를 종합해 각색했습니다.

히토미는 극단적으로 자신감이 없었고, '자기 존재를 인정받는 느낌'이 들어 원조교제를 했습니다. 누군가가 자신을 원한다는 심리적 충실감과 함께 돈도 받을 수 있다는 물질적 만족감을 얻자 눈 깜빡할 사이 원조교제에 빠져들었죠.

소년분류심사원에는 수많은 유사 사례가 있습니다. 이처럼 나쁜 어른들이 아이를 어르고 달래는 이유는 단순히 자신들의 성적 욕망을 배출하기 위해서입니다. 그들은 뻔뻔하게도 걸리지 않으면 아무 문제가 없다고 생각합니다.

히토미는 관계 후 돈을 받았지만, 때로 돈을 받지 않아도 성범죄자들을 만나는 아이도 있습니다. 그때만이라도 자신을 바라봐주고 인정해준다고 믿기 때문입니다. 몸과 마음에 엄청난 상처를 입고 있는 아이들입니다.

이 아이들을 상담하며 "자신을 좀 더 소중히 여겨야 해"라고 말하면 아이들은 건조한 말투로 대답합니다.

"뭐, 저는 별로 소중하지 않은데요?"

자신이 얼마나 가치 있는 존재인지, 따라서 타인이 자신을 함부로 다룰 수 없게 스스로를 소중히 여겨야 한다는 생각 자체를 하지 못하는 것입니다. 참으로 참담한 일이 아닐 수 없습니다.

자신을 소중히 여기지 않는 아이들은 대부분 자기긍정감이 낮습니다. 자기긍정감이란 '있는 그대로의 자신을 긍정할 수 있는 감각'을 말합니다. 다른 사람과 비교하지 않고 자신의 존재 자체에 가치가 있음을 인정하고 존중하는 감각이죠. 의미 있는 인생을 살기 위한 근본적인 힘입니다.

히토미의 어머니는 항상 누군가와 비교하며 은근히 히토미를 부정해왔습니다. 직접적으로 꾸짖은 건 아니지만 히토미는 '너는 누구누구만 못하다, 그러니까 글렀다'라는 말을 끊임없이 들은 것이나 마찬가지입니다. 자기긍정감이 낮아지는 것도 당연하죠.

어머니는 딸의 존재나 가능성을 부정할 의도는 없었습니다. 내 아이에 대한 높은 기대가 있는데 생각대로 아이가 따라주지 않는 스트레스를 참다못해 "도대체 몇 번을 말해야 알아듣겠니!" 하고 화가 터져버린 면도 있었죠.

이심전심, '가족이니까 말하지 않아도 엄마 마음을 알겠지'라고 생각해서는 안 됩니다. 아이가 진심으로 소중하다면 언제든 기회가 있을 때마다 "네가 건강하게 자라줘서 엄마는 참 기쁘단다", "있는 그대로의 네가 제일 소중해"라고 말해줘야 합니다.

인정은 '아이가 뭔가를 잘하니까' 또는 '아이가 다른 애에 비해 뛰어나니까' 같은 이유로 칭찬해주는 말이 아닙니다. 그저 아이로서 있는 그대로의 모습으로 가치 있으며 존중받아 마땅합니다.

자기긍정과 자기중심의 차이

자신을 소중히 여기는 건 자기중심적으로 행동하라는 뜻이 아닙니다. 자기중심적이란 자신의 이익이나 관심사를 위해서만 행동하므로 타인에 대한 배려가 부족한 것을 말합니다. 자기중심적인 사람은 언제나 자기 말이 옳고, 자신이 최고라 생각하기 때문에 사회생활을 하거나 친구들과 어울릴 때 여러 문제를 일으키는 경우가 많습니다.

누구나 어릴 때는 자기중심적으로 세상을 보지만, 나이가 들고 성장하면서 타인의 시점을 읽을 수 있게 됩니다. 이를 심리학에서는 '시점 획득'이라고 말합니다. '내가! 내가!'가 아니라 서로의 입장을 생각하면서 행동하는 것입니다. 자기중심성은 공감과 깊은 관련이 있는데, 이에 관한 자세한 이야기는 뒤에서 하겠습니다.

비행청소년 가운데 자기중심적인 아이가 많습니다. 사회의 규칙을 어기거나 타인의 감정·이익을 해쳐서라도 자기 이익을 더 얻으려 합니다. 이는 '자신을 소중히 여기는 것'과는 다릅니다.

이런 아이들은 자기긍정감이 낮습니다. 자신이 존중받아야 할 사람인 것과 마찬가지로 타인도 존중받아야 할 사람이라는 사실을 잘 모릅니다. 다른 사람 따위는 어떻게 되든 상관없다며 온갖 말도 안 되는 범행을 저지르는 이들의 심리 분석을 하면, 내면 깊은 곳에 '나 따위가 어떻게 되든 아무도 상관없겠지'라는 마음이 감춰져 있습니다.

자기긍정감이 결여된 여자아이들은 원조교제에 빠지기 쉬운 데 반해 남자아이들은 '다종방향범多種方向犯'이 되기가 쉽습니다.

다종방향범이란 절도, 상해, 외설, 물건 파괴 등 종류가 다른 여러 범죄를 반복해서 일으키는 범죄자를 뜻합니다. 통상적으로 범죄자는 절도면 절도, 폭력이면 폭력으로 단일한 범죄를 일으키는 경우가 대부분입니다. 하지만 다종방향범은 자신의 욕구대로 사회 규칙을 무시하는 행동을 하기 때문에 온갖 법에 저촉됩니다. 어떻게 이렇게까지 자기 삶을 망가트릴 수 있는지 매번 놀라게 되는데, 그들 내면 깊숙한 곳에선 자기긍정감이 결여되어 있습니다.

비행청소년, 범죄자와 면담할 때 가장 자주 듣는 말 중에 하나가 '어차피 나 따위'입니다. 그래서 소년원 선생님은 비행청소년을 교육할 때 '긍정하기'부터 가르칩니다. 범죄 행위가 아닌 그 아이의 존재를 긍정하는 것입니다. 지나치게 낮은 아이의 자기긍정감을 높여주는 일이 교정·교화의 첫걸음입니다.

마음을 울리는 칭찬의 비결

아이를 긍정하라고 해서 마구잡이로 칭찬하라는 뜻은 아닙니다.

아이의 인격을 인정하고 수용적인 태도로 대하며 사소한 일이라도 아이가 해냈을 때 정당한 인정의 말을 해주라는 뜻입니다.

소년원 선생님은 이런 칭찬을 하는 데 탁월합니다. 예를 들어 아이에게 어떤 작업을 시켰을 때는 "어제보다 더 잘하네?", "이 부분을 고민해서 했구나?" 등 아이의 작은 변화나 성장한 부분을 찾아서 인정하는 말을 겁니다. 비행청소년들은 칭찬에 익숙하지 않기 때문에 그런 칭찬을 들어도 처음에는 좋은 반응을 보이지 않습니다. 어떤 표정을 지어야 할지도, 어떻게 대답해야 좋을지도 모르기 때문이죠.

하지만 진심은 반드시 마음에 전해집니다. 야단스럽게 칭찬하면 오히려 자기를 컨트롤하려는 의도라고 오해해 불신합니다. 과하지 않은 말투와 은근한 몸짓으로 잘한 포인트를 칭찬하면 아이들도 거북한 표정을 짓지 않습니다. 누구에게도 말하지 않았지만 자기가 신경 쓰거나 세밀하게라도 노력한 부분을 알아준다면 비로소 인정받는 느낌을 받죠.

어른이 보기에는 어설프더라도 아이 나름으로 노력한 일 또는 작게라도 어제보다 성장한 일을 발견하고 말을 건네듯 칭찬해준다면 서서히 아이의 자기긍정감이 높아집니다.

아이를 관찰하면 보이는 것들

칭찬하기 위해서는 아이를 잘 관찰하는 자세가 필요합니다. 제가 심리 분석하는 과정 중에도 '행동 관찰'이 있습니다. 면담과 심리 테스트만으로는 아이의 진짜 모습을 알 수 없습니다. 면담 시간에 한 말과 평소 하는 말이 다른 경우도 많기 때문입니다. 두 얼굴을 가진 것처럼 면담할 때만 선한 표정을 짓는 경우가 있는가 하면 그 반대의 경우도 있습니다. 일부러 더 공격적인 척 연기하는 아이가 있죠.

그래서 일상 행동을 관찰해야 보이는 것들이 존재합니다. 이는 부모와 자식 사이도 마찬가지입니다. 학교 선생님과 면담하면 집에서는 말도 많고 쾌활한 아이가 학교에서는 말수도 적고 친구들과 어울리지 못한다는 전혀 다른 이야기를 듣게 될 때가 있죠.

평소에 아이와 얼마나 자주 대화를 나누시나요? 매일 한집에서 같이 생활하니 아이를 잘 관찰하고 있다고 생각하시나요? 대부분의 부모는 자신이 아이를 정확히 본다고 여기지만 의외로 '잘' 관찰하고 있지 않은 경우가 많습니다.

아이를 칭찬하기 위해서뿐만 아니라 아이가 보내는 SOS 신호를 제때 알아차리기 위해서 부모는 아이를 관찰해야 합니다. 아이의 표정, 몸짓, 말투, 변화 등을 주의 깊게 살펴보면 아이에게 필요한 것을 부모가 채워줄 수 있는 기회가 늘어납니다. 그게 긍정이든, 존중의 말이든, 칭찬이든, 사랑이 가득 담긴 포옹이든 말이죠.

혼자 무언가에 집중하고 있을 때, 형제자매와 놀 때, 친구들과 놀이를 할 때 등 아이가 부모의 시야에서 멀어졌을 때 관찰하는 습관을 가져보기를 적극 추천합니다. 관찰 포인트는 무엇보다도 아이의 '평소와 다른 변화'에 주목하는 것입니다. 관찰이 습관이 되면 그동안 눈에 보이지 않던 아이의 노력이나 고민, 성장, 감정이 읽힐 겁니다. 이때 따뜻한 칭찬 한마디를 건네세요.

자기긍정감이 떨어지는 시기가 따로 있다

일본인의 낮은 자기긍정감은 오래전부터 문제로 여겨졌습니다. 2018년 내각부 조사에 따르면 '자기 자신에게 만족한다'고 답한 젊은이의 비율이 미국과 유럽은 80%로 높은 수준인 데 반해 일본은 40%대에 불과합니다.

최근 자기긍정감이 주목받고 있고, 교육 현장에서도 자기긍정감을 높이기 위한 다양한 시도를 하지만 그다지 개선되지는 않았습니다. 게다가 자기긍정감은 나이가 들면서 점차 낮아지는 경향이 있습니다. 내각부 조사 결과에서도 '지금의 내가 좋다'고 답한 사람의 비율은 연령이 올라감에 따라 감소했습니다.

자기 정체성에 대한 깊은 고뇌를 시작하는 사춘기에 자신을 부정하는 것은 전혀 이상한 일이 아닙니다. 친구와 자신을 비교하며 우울해진 경험은 누구에게나 있죠.

13세부터 25세 무렵의 청년기는 '질풍노도의 시기'라고 불립니다. 몸과 마음의 급격한 발달과 함께 불안과 동요를 쉽게 느끼는 시기입니다. 유소년기에 높았던 자기긍정감은 이 시기가 되면 자연스럽게 떨어집니다. 그러나 불안과 동요라는 파도를 헤엄치는 동안 자기 정체성과 성격을 인지하고 더 나은 자신이 되어가는 정상적인 발달 과정입니다.

부모는 이 과정을 지켜보며 필요한 순간 아이를 격려해주면 됩니다. 아이가 다른 사람과 비교하며 우울해할 때, 자신의 부족한 점을 자책할 때 옆에서 부모가 "너는 존재만으로도 가치가 있는 사람이야"라고 말해주기만 해도 자기긍정감이 올라갑니다. 아이가 잘했을 때도 아이가 흔들릴 때도 칭찬과 격려의 말은 중요하지만, 그보다 더 아이에게 좋은 영향을 주는 건 부모가 아이를 있는 그대로 알아주는 것입니다.

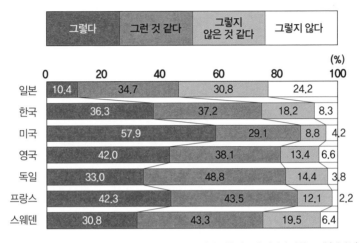

13~29세 대상 설문조사
'자기 자신에게 만족합니까?'

	그렇다	그런 것 같다	그렇지 않은 것 같다	그렇지 않다
일본	10.4	34.7	30.8	24.2
한국	36.3	37.2	18.2	8.3
미국	57.9		29.1	8.8 / 4.2
영국	42.0	38.1	13.4	6.6
독일	33.0	48.8	14.4	3.8
프랑스	42.3	43.5	12.1	2.2
스웨덴	30.8	43.3	19.5	6.4

출처: 2018년 〈우리나라와 다른 나라 젊은이들의 의식에 관한 조사〉(내각부)

어릴 적에는 '껌딱지'처럼 붙어 있던 아이도 사춘기가 되면 부모와 함께하는 것보다 혼자 있는 시간을 더 편안하게 느낍니다. 사춘기 아이와 실제로 얼굴을 마주 보고 대화할 기회가 줄어들죠. 그래서 더욱 관찰이 중요합니다. 평소 아이 모습을 잘 지켜봤다면 언제 말을 걸어도 괜찮은지 알 수 있죠.

그리고 이 시기 아이는 자기 세계에 빠져 고민하는 시간이 길어집니다. 사춘기는 아이가 인간으로 성장하기 위해 꼭 거쳐야 하는

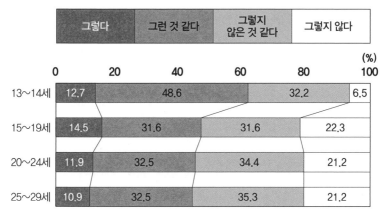

출처: 2019년 〈어린이·젊은이의 의식에 관한 조사〉(내각부)

인생 과제와도 같습니다.

심리학 용어 중에 '자기효능감^self-efficacy'이란 말이 있습니다. 자기효능감이란 어떤 일이나 문제를 '나라면 반드시 해결할 수 있다'라고 생각하는 신념입니다. 자신감과 비슷하지만 자기 능력에 대한 믿음과 더 관련되어 있습니다. 자기효능감이 높을수록 실제 당면한 문제 해결에 집중해 필요한 행동을 취할 가능성이 높습니다. 반대로 자기효능감이 낮으면 의지가 부족해 문제를 외면하거나 도전하기도 전에 실패에 대한 불안이 앞서 시도조차 하지 않으려는 경우가 많습니다.

이 자기효능감과 가장 크게 관련된 것이 자기긍정감입니다. 자신이 충분히 가치 있다고 믿으면 어떤 문제든 긍정적이고 적극적인 자세로 임할 수 있습니다. 그러면 자연스럽게 성취감이 늘고 이는 곧 자신감으로 이어집니다.

부모의 말 속에 숨어 있는 독을 찾아라

히토미의 자기긍정감을 갉아먹은 문제 원인은 다양하지만, 결정타는 어머니의 갑작스러운 호통과 함께 가슴에 꽂힌 "몇 번을 말해야 알아듣겠니?"라는 말이었습니다.

"도대체 몇 번을 말하게 하니!"

"몇 번을 말해야 말귀를 알아듣는 거야!"

부모가 이렇게 말에 감정을 섞어 폭발시키는 순간 아이의 자기긍정감은 처참히 꺾입니다. 이 말 속에는 '몇 번을 말해도 못 알아듣는 넌 틀려먹었다'라는 무서운 독이 숨어 있습니다. 부모가 자기 말이 독이라는 걸 의식조차 못 한 사이 아이 마음에 스며들죠.

부모가 이렇게 말한 의도는 아이가 자기 말에 집중하기를 바라기 때문입니다. 그렇다면 몇 번을 말해도 아이가 이해하지 못할 때는 어떻게 해야 할까요? 먼저 아이가 제대로 이해할 수 있게 말을 전달했는지 생각해봐야 합니다.

히토미의 어머니는 아이에게 과도한 요구를 하는 것은 좋지 않다고 생각했습니다. 그래서 직접적으로 이래라저래라 지시하지 않으려 무척 노력했죠. 대신 선택한 '제삼자를 칭찬하는 방식'은 간접적으로 '너도 누구누구처럼 잘해라'라고 요구하는 것이었습니다. 심지어 이제 막 유치원에 들어간 이해력과 어휘력이 부족한 어린아이에게 말이죠.

어머니 입장에서 보면 아주 답답한 일일 겁니다. 몇 번이나 말해도 아이가 못 알아들으니까요. 어머니는 이 문제를 히토미의 잘못이라고 생각했습니다.

히토미는 부모의 말뜻을 제대로 이해하지 못했습니다. 너무 피곤해 깜박 잠이 들었을 때 호통치는 어머니를 보고 깜짝 놀랐죠.

"도대체 몇 번 말해야 알아듣겠니!"

평소와 다른 어머니의 고함과 갑작스럽게 깨어나 소스라치게 놀란 감각을 히토미는 쉽게 잊지 못합니다.

히토미의 사례는 극단적인 예입니다. 그러나 일반적인 가정에서도 부모와 자식 사이 불통의 문제는 많습니다. 부모가 자신의 뜻을 입이 아프도록 얘기했는데도 아이가 이해를 못하거나 달라지지 않는다면, 전달하는 방법을 바꿔야겠죠.

아이가 여러 번 같은 말을 반복하게 해서 화가 난다면 자신의 행동을 복기해보세요. 어쩌면 부모 입장에서 '아이가 잘못하고 있다'는 편견에 빠져 멋대로 화를 내는 것인지도 모릅니다. 부모가 몇 번이나 같은 말을 반복했다는 건 아이의 특정 행동이 마음에 들지 않기 때문이죠. 부모가 원하는 모습을 아이가 보여주지 않아서 화가 난 건 아닌지 점검해봐야 합니다.

히토미가 초등학교 3학년일 때 숙제를 하다가 무척 피곤해서 깜박 잠이 들고 말았습니다. 무더운 여름날 수영 수업이 있었다고 했죠. 아이가 피곤하면 숙제를 하다가 잠들 수 있습니다. 어른이라도 이런 날은 졸음이 몰려올 겁니다. 그러나 히토미의 어머니는 그 모습을 보고 아이에게 연민이나 안타까움을 느낀 게 아니라 화가 치밀어 올랐습니다. 자신이 원하는 대로 아이가 수준 높은 학교에 가려면 다른 아이들보다 더 많이 공부해야 하니까요.

아이를 위해서라지만, 사실은 부모가 안심하거나 주변 사람들에게 인정받으려는 속뜻이 담긴 말이 많습니다. 아이에게 "몇 번을 말해야 알아듣겠어?"라고 말하는 바로 그때가 자신의 편견을 깨닫는 기회일 수 있습니다.

 또한 아이에게 화가 많이 날 때는 자신이 아이의 어떤 점에 분노를 느끼는지 글로 적어보시길 바랍니다. 아이의 공부, 성적, 예절, 성격 등 유난히 화가 나는 지점이 있다면, 바로 그게 자신이 자녀 교육에서 중요하게 생각하는 가치관입니다.

 아이와 충돌한다고 해서 부모의 가치관이 나쁘다는 말은 아닙니다. 다만 부모의 의견을 전달하고 싶다면 아이의 눈높이에서 이해할 수 있는 언어와 말하기 방식을 선택해야겠죠. 일방적인 강요나 지시, 호통과 잔소리가 아니라면 아이와 충분히 대화해가며 문제 해결에 다가갈 수 있습니다.

"
공부 좀
해라
"

부모와 아이의
신뢰관계를
무너뜨리는 말

죄명

살인미수

집에서 직접 만든 총으로 부모를 쏘다

고등학교 2학년생 코우지는 지역에서 대학 진학률이 높기로 유명한 고등학교에 다녔습니다. 어려서부터 공부를 잘했고, 숙제도 빠짐없이 해가는 모범생이었죠.

의사인 코우지의 어머니는 아침부터 밤까지 진료를 보느라 무척이나 바빴습니다. 그래서 집에 있는 시간이 별로 없었고, 어머니를 대신해 아버지가 코우지를 돌봐줬습니다. 아버지는 온화하고 욕심이 많지 않은 성격이었죠. 바쁜 아내를 도와 집안일을 했기 때문에 생활에 큰 불편함은 없었습니다.

그런데 코우지는 날이 갈수록 커지는 어머니의 기대가 버거워졌습니다. 어머니는 코우지가 병원을 이어받기를 바랐습니다. 코우지가 초등학생일 때 병원을 개원해 인공 투석기 등을 도입하는 데 막대한 자산을 투입한 어머니는 자기 세대만 운영해서는 원금을 회수할 수 없다는 사실을 알았습니다.

어머니는 코우지에게 입버릇처럼 "공부 열심히 하렴. 의대에 진학해서 병원을 이어받아야지"라고 했습니다. 형은 공부를 잘하지 못했기에 자연스럽게 기대의 화살은 코우지를 향했습니다.

초등학생 시절에는 부모의 기대를 받는 게 기뻐서 공부에 몰두했지만, 중학생이 되자 '왜 나만 이래야 하지…' 하는 생각이 고개를 들었습니다. 형은 공업고등학교에 진학해 디자인 공부를 했습니다. 애니메이션 제작자를 꿈꾸며 자기가 하고 싶은 일을 하는 형의 활기 넘치는 모습을 보니 코우지는 부러웠습니다.

'형은 스스로 꿈을 선택했는데 왜 나는 그럴 수 없지?'

중학교 2학년이던 어느 날, 아버지에게 이런 고민을 털어놓았습니다. 그랬더니 아버지는 대체 무슨 소리를 하는 거냐는 의아한 표정을 지었습니다.

"그건 어머니가 너한테 그만큼 기대가 크니까 그러는 거지. 너의 재능과 가능성을 인정받은 건데 오히려 기뻐해야 하는 거 아냐?"

코우지는 아버지의 대답에 크게 실망했습니다. 어머니 또한 바빠서 집에서 여유롭게 쉬는 시간이 없었기에 대화를 나눌 기회조차 마련하기 어려울 듯했습니다.

'아무도 나를 이해해주는 사람이 없구나….'

중학교 3학년에 올라가 학교에서 진로 상담을 하게 되었을 때 어머니가 처음으로 학교를 찾아왔습니다. 그리고 "선생님, 우리 애는 의사가 되어 제 병원을 이을 거예요. 그 목표를 이룰 수 있도록 지도 부탁드립니다"라고 말했습니다. 코우지는 '나는 그러겠다고 단 한 번도 말한 기억이 없는데요'라고 속으로 강하게 반발했지만 실제로는 입도 뻥긋하지 못했습니다.

이후 지역에서 대학 진학률이 가장 높은 고등학교에 입학했는데, 지금까지와는 달리 최상위권 성적은 고사하고 하위권에서만 맴돌았습니다. 우수한 아이들이 모인 곳에 가자 자신의 진짜 실력을 들킨 것 같았습니다. 코우지는 점차 자신감을 잃었습니다.

'공부 못하는 나를 부모님은 어떻게 생각할까?'

뚝 떨어진 성적을 들키지 않으려고 이런저런 잔꾀를 부렸지만 결국은 금세 들통나고 말았습니다.

"좋은 학교에 들어갔다고 그새 자만하는 거야?"

"그렇게 기대했는데 우리 마음도 몰라주고. 성적이 이게 뭐니?"

부모님께 한바탕 꾸지람을 듣고 나자 지금까지 쌓이고 쌓인 불만이 분노로 바뀌었습니다. 코우지의 마음속이 분노로 일렁거렸죠.

'이대로는 내가 살 수도 행복해질 수도 없어.'

결국 부모님이 이 세상에서 사라져야 한다는 극단적인 생각에까지 이르렀습니다. 결심을 굳힌 코우지는 몰래 형의 3D 프린터로 권총을 제작했고, 휴일 밤 가족 모두가 잠들었을 때 안방 침실 문을 열고 총을 난사했습니다. 다행히 총은 완성도가 떨어져 큰 치명상을 입히진 않았습니다. 그리고 바로 아버지에게 제압당했습니다.

나중에 면담에서 코우지는 자기도 왜 그렇게 감정을 제어하지 못했는지 도무지 모르겠다고 말했습니다.

왜 모범생이 중범죄를 일으켰을까?

공부 잘하고 장래가 촉망되던 '모범생'이 느닷없이 부모에게 총을 난사했습니다. 코우지는 지금까지 가정에서 물건을 던지거나 주먹을 휘두른 일이라고는 단 한 번도 없었고, 반항적인 태도조차 드러낸 적이 없는 아이였습니다. 그런 아이가 부모 살해를 주도면밀하게 준비했으니, 살의가 있었음이 분명합니다.

결과적으로 코우지의 부모가 약간의 부상을 입는 정도로 끝나기는 했지만, 상당히 충격적인 사건이 아닐 수 없습니다.

코우지를 괴롭혔던 것은 부모의 기대였습니다. '병원을 이어받았으면 좋겠다', '의대에 가려면 공부를 잘해야 한다', '누구보다 뛰

어난 성적을 받았으면 좋겠다'라는 부모의 지속적인 말이 아이에
게는 큰 스트레스였죠.

누군가가 자신에게 기대한다는 건 기쁜 일이기도 합니다. 실제
로 코우지는 부모의 기대에 부응하려 노력해왔습니다. 그런데 거
기에 더 큰 문제가 있었습니다. 이러한 코우지의 마음을 부모가 무
시했다는 사실입니다.

의대에 들어가 의사가 된다는 건 코우지의 생각이 아니었습니
다. 어머니는 일방적으로 기대를 전달하기만 하고 대화하려 하지
않았습니다. 어렵게 아버지에게 고민을 털어놓았건만, 아버지도
코우지의 이야기를 제대로 들어주지 않아서 다시 한번 실망했죠.

또 하나 문제점은 부모가 코우지의 노력을 인정해주지 않은 것
입니다. 고등학교에서는 성적이 떨어졌지만, 그것은 코우지가 노
력을 게을리했기 때문이 아니었습니다. 이때까지와 환경이 달라져
서 결과를 내기 어려웠던 것이죠.

결국 부모는 결과만 보고 아이를 비난했습니다. 코우지는 엄청
난 압박을 느끼며 성적을 들키지 않으려고 성적표를 숨기기도 했
습니다. 이런 행동이 SOS 신호입니다. 그 밖에도 코우지의 말이나
행동, 표정으로 드러났겠죠.

코우지가 보내는 SOS 신호를 알아차리지 못하고 그저 공부하라는 말로 몰아붙이기만 한 부모의 대응은 명백한 잘못입니다. 코우지 같은 모범생이 중범죄를 일으키는 예는 실제로도 있습니다. 부모의 과도한 기대가 아이를 극한까지 내몬 것입니다.

확대 자살로 향하는 심리

코우지의 경우는 공격 대상이 부모님이었지만, 불특정한 사람을 대상으로 범죄가 일어나기도 합니다.

2022년 1월, 대학입학공통시험*의 시험장이 된 도쿄대학교 앞에서 고등학교 2학년 소년이 남녀 3명을 칼로 찔러 중경상을 입힌 사건이 있었습니다. 체포된 소년은 도쿄대 의학부 진학을 목표로 공부했지만 1년쯤 전부터 성적이 떨어지자 절망해서 이런 범죄를 계획했다고 합니다. 자기가 지망하는 대학교 앞에서 사람을 살해하고 자신도 죽으려 했던 것입니다.

이 사건 전에도 세상을 떠들썩하게 만든 몇몇 사건이 있었습니

---

* 우리나라의 대학수학능력시험에 해당한다.

다. 2021년 8월에는 오다큐선 열차 안에서 36세 남성이 승객을 칼로 찔러 살인미수 혐의로 체포당한 사건이 있었죠. 그 후 이를 모방한 것으로 보이는 열차 안 사건이 줄을 이었습니다.

그리고 2021년 12월 오사카에서 정신과클리닉 관계자와 환자 26명을 사망에 이르게 한 61세 남성의 방화 사건이 있었습니다. 적어도 10개월 이상 범행을 계획한 것으로 알려진 이 남성은 병원에 불을 지르고, 그 자리에서 자신도 불에 뛰어들어 사망했습니다.

이러한 일련의 사건을 '확대 자살'이라고 부릅니다. 확대 자살이란 인생에 절망해 자살하려는 사람이 다른 사람을 끌어들여 동반 자살을 꾀하는 현상입니다.

혼자서는 죽기 싫은 억울한 마음과 스스로는 죽지 못하겠으니 사형시켜줬으면 하는 마음, 자신을 궁지로 몰아넣은 사회에 대한 원망으로 한을 풀기 위해 아무런 상관도 없는 사람을 끌어들여 무차별적인 살해를 계획하는 것입니다.

코우지는 부모를 살해한 뒤 자기도 죽으려고 계획했던 것은 아니었습니다. 하지만 부모를 죽이면 자신이 사회적으로 매장당한다는 사실은 알고 있었습니다. 범죄를 저지르고 도망쳐도 당연히 금방 붙잡힐 테고, 학교도 다닐 수 없게 되겠죠. 형을 포함한 가족에게 버림받고, 친구도 잃겠죠. 또 지금까지 응원해주던 학교와 학원 선생님의 신뢰도 모두 잃을 겁니다.

이처럼 젊은이가 사회적인 죽음을 맞는 것 역시 일종의 '자살'입니다. 확대 자살과 연결된다고 할 수 있습니다. 이 사례에서는 미수에 그쳤기에 그나마 다행이었습니다. 그 후 코우지는 소년원에서 생활하며 자신과 가족의 관계를 돌아보고 새로운 삶을 위해 노력했습니다.

도쿄대 앞 칼부림 사건처럼 젊은이의 확대 자살에는 청년기 특유의 '심리적 시야 협착'이 보입니다. 하나의 생각에 사로잡혀서 시야가 좁아지는 상태를 말하는데, 불안이나 동요를 느끼기 쉬운 청년기에 계속해서 강한 스트레스를 받으면 시야가 좁아지죠.

심리적 시야 협착 상태에서는 평소 같으면 어렵지 않게 해결할 일도 이성적으로 생각할 수 없게 되어 문제의 해결책이 보이지 않습니다. 결국에는 '죽을 수밖에 없다'는 극단적인 결론을 내립니다. 일반적인 어른은 다양한 선택지가 있다는 사실을 알지만, 시야 협착에 빠진 청소년은 제대로 사고하지 못합니다.

그리고 일부 사람들은 자기 영향력을 사회에 알리기 위해 타인을 끌어들이려 합니다. 사회에 대한 분노를 비뚤어진 자기 현시욕으로 표현하죠. 이를 실행하고자 주도면밀하게 준비합니다. 범죄

계획을 세우고, 사전 조사를 하고, 무기를 준비하는 등 어려운 일도 척척 해냅니다. 오로지 자기 생각 속에 푹 빠진 상태가 됩니다.

'내가 살아 있었다는 증거를 남기려면 이 방법밖에 없다.'

자기만의 생각에 빠져 있으면 시야가 점점 좁아지며 만사를 이분법적으로 가릅니다. 어른들은 아이의 관점이 한곳으로만 치우치지 않도록, 시야 협착에 빠진 아이에게 다른 선택지가 있다는 사실을 가르쳐줘야 합니다. 아이 혼자서 고립되지 않게 고민이 있다면 함께 나누며 방법을 모색해야 합니다.

나쁜 생각을 하는 건 잘못이 아니다

살다 보면 여러 가지 일이 있기 마련입니다. 지금 보란 듯이 잘 사는 어른들도 한 번쯤은 죽음을 생각한 적이 있을 수 있습니다.

'지금 내가 죽으면 어떻게 될까. 가족과 친구들은 어떤 표정을 지을까.'

그렇다면 살인은 어떨까요?

'저 사람이 세상에서 사라지면 좋을 텐데.'

살면서 사람을 죽이고 싶을 만큼 미웠던 기억이나 살인하는 망상을 해본 경험이 있을 겁니다. 사실 저도 그런 적이 있습니다.

당연하지만 그런 생각을 했다고 죄를 지었다고는 할 수 없습니다. 때때로 나쁜 생각을 하는 것 자체가 괘씸하고 잘못된 일이라고 말하는 사람이 있지만, 저는 나쁜 생각을 하는 것 자체는 상관없다고 생각합니다. 문제는 실제로 하느냐, 하지 않느냐에 있습니다.

'죽고 싶다고 생각해서는 안 된다.'

'죽이고 싶다고 생각해서는 안 된다.'

극단적인 생각이 들 만큼 괴롭고 고통스러울 때는 오히려 자기 기분을 받아들이는 게 중요합니다. 내가 그렇게 느끼는 이유가 분명 있을 테니까요. 자신의 마음이나 기분을 부정하며 알려고 하지 않으면 어떤 문제도 해결되지 않습니다.

비행을 막는 리스크와 코스트

범행 동기가 있더라도 보통 사람은 실행에 옮기지 않습니다. 자기 인생을 걸어야 하는 엄청나게 위험한 일인 데다가 치러야 할 대가가 크기 때문입니다.

저는 오래전부터 범죄를 막는 방편으로 '리스크^{risk}와 코스트^{cost}'

를 강조해왔습니다. 범죄와 연관해 리스크란 '검거될 위험성이 얼마나 높으냐'이고, 코스트란 '잡히느냐 잡히지 않느냐와 상관없이 죄를 저지름으로써 잃는 것'의 크기를 말합니다.

예전에는 경제학 이론을 활용해 '코스트 퍼포먼스cost performance'로 범죄 실행력을 설명하던 때도 있었습니다. 이른바 '가성비'입니다. 적은 노력으로 많은 것을 얻을 수 있다면 범죄를 실행하고, 반대라면 수지타산이 안 맞아 범죄를 단념한다는 주장이었습니다.

하지만 범죄자들과 면담해보니 코스트 퍼포먼스를 고려하며 행동하는 사람은 거의 없다는 사실을 알게 되었습니다. 겨우 이런 걸 훔치려고 그런 엄청난 노력을 들였나 싶을 만큼 하찮은 물건을 훔치는 사람도 있습니다.

예전 경찰들은 '검거보다 훌륭한 방범은 없다'라는 말을 자주 했습니다. 검거율을 높여서 '나쁜 짓을 하면 반드시 붙잡힌다'라는 걸 보여줌으로써 범죄심리를 막을 수 있다는 생각이 깔려 있죠.

그러나 검거만으로는 범죄를 막을 수 없습니다. '검거보다 훌륭한 방범은 없다'라는 말은 이미 범죄가 일어나 피해자가 발생한 뒤를 전제로 하니까요. 사건이 터진 후가 아니라 '사건이 일어나기 전에' 막을 수 있는 안전장치를 생각해야 합니다.

오랜 시간 범죄 현장 가까이에 있으면서 사람들이 공격 행동을 하기 전에 그 행동을 억제하려면 어떻게 해야 할지 고민했습니다. 나쁜 마음을 먹었어도 실제 행동으로 옮기지 않아야 하니까요.

한 소년이 집 근처 편의점에서 물건을 훔쳐보고 싶다는 생각을 했다고 가정해봅시다. 이 시점에서 동기는 형성되었습니다. 하지만 실제로 물건을 훔치기까지는 수많은 판단을 거칩니다. 예를 들어 지금 방에서 나갈지 말지, 신발을 신고 집 밖으로 나갈지 말지처럼 일을 진행하려면 끊임없이 'YES or NO'의 갈림길에서 선택해야 합니다.

계속 YES를 선택하면서 편의점에 들어섰다고 해봅시다. 드디어 물건을 훔칠 순간입니다. 그때 누군가가 "안녕하세요?"라고 인사를 합니다. 그러면 바로 그 순간에 범죄를 포기하는 사람이 많습니다. 범행 전에 누군가를 만났다는 사실은 검거될 리스크를 높이기 때문입니다. 즉 '누군가가 보았으니 이번에는 그만두자'라고 생각하게 되는 것이죠.

상대방은 친절한 마음으로 건넨 인사였을지 모르지만, 물건을 훔치려던 사람은 절도를 단념하고 평범하게 장을 봐서 집으로 돌아갑니다. 사람들이 자신을 보고 있다고 의식하는 것만으로도 범행 동기를 줄일 수 있습니다.

이 예시에서 중요한 축이 되는 것이 바로 리스크와 코스트입니다. 거리가 깨끗하면 자기 행동이 눈에 띄어 붙잡히기 쉽기 때문에 쓰레기를 버리지 않는 것과 비슷한 이치입니다.

또한 이웃들과 좋은 관계를 맺으면 범죄심리가 감소할 수 있습니다. 나쁜 마음을 행동으로 옮기는 순간 이웃과의 관계가 무너지기 때문입니다. 코스트, 즉 잃는 신뢰가 크다고 느낄수록 나쁜 짓을 단념하게 됩니다.

최대의 코스트는 우리 가족

본래 최대의 코스트로 작용하는 것은 '가족'입니다. 범죄 계획을 짜다가도 가족의 얼굴이 떠오르고 '나 때문에 슬퍼하겠지?' 하는 생각이 들면 단념하게 됩니다. 물론 가족과의 신뢰관계가 전제된 경우지만 말입니다.

부모에게 사랑을 받는 아이들 대부분은 부모의 신뢰를 깨고 싶지 않다는 생각으로 나쁜 생각을 행동으로 옮기지 않습니다. 가족을 잃는 건 최대의 코스트입니다. 세상에서 가장 가까운 관계인 가족에게서 신뢰를 잃는다는 것은 아이들이 견디기 힘든 고통입니다. 부모와 자식 사이의 신뢰가 중요한 이유입니다.

　그 밖에도 친구나 학교 선생님 등 소중한 사람을 잃고 싶지 않다거나 슬프게 만들고 싶지 않다고 느끼는 좋은 인간관계는 모두 아이의 문제 행동을 사전에 막는 코스트입니다.

　사회적 지위나 직업, 사는 장소 등도 코스트가 됩니다. 자기 행동으로 치러야 할 대가가 크면 나쁜 생각이 떠오르더라도 쉽게 지울 수 있습니다.

　반대로 코스트가 적을 때는 동기에서 실행까지 망설임 없이 곧바로 이어집니다. 가족관계가 나쁘고, 친구도 없습니다. 책임져야 할 일도 없고, 직업도 없습니다. 지금 사는 곳에 미련 따위는 눈곱만치도 없습니다. 그럼 몹시 고독하겠죠. 그 상태에서 범죄 동기가 형성되면 브레이크가 없기 때문에 단념시키기 어렵습니다.

　리스크도 코스트도 상관없는 범죄자를 흔히 '무적 인간'이라고 부릅니다. 잃을 게 없어 붙잡혀도 상관없다고 말하는 사람입니다. 확대 자살을 일으키는 사람 중에 주로 이런 부류의 사람이 많습니다. 너무 무거운 이야기를 해서 불안할까 봐 말씀드리면 '무적 인간'은 거의 없습니다. 범죄자 가운데서도 찾아보기 힘든 편입니다.

코스트는 비행이나 범죄에만 해당하는 이야기가 아닙니다. 이런 무서운 사례를 설명한 이유가 있습니다. 우리 아이들에게 큰 코스트가 되어주는 환경을 부모가 만들어야 한다는 것입니다. 가정이라는 안정적이고 튼튼한 울타리가 있으면 아이는 흔들릴지언정 꺾이지 않는 건강한 사람으로 자랍니다. 또한 코스트는 엄마 아빠가 기뻐했으면 좋겠다는 마음으로 공부에 몰두하거나 주변 사람들과 사이좋게 지내거나 매사에 성실하게 생활하는 등 좋은 영향으로 작용하기도 합니다.

경쟁은 목표를 향한 장치일 뿐

최근 청소년들의 비행이 늘어나면서 수험 같은 경쟁이 아이들을 궁지로 몰아넣는 게 아니냐고 의심을 품는 사람들이 있습니다. 해마다 학원에 다니는 아이들의 나이가 어려지고 사교육비가 증가하는 건 사실이니까요.

격변하는 시대를 살면서 앞날이 보이지 않기에 '우리 아이에게 해줄 수 있는 건 다 해주고 싶다'는 게 모든 부모의 마음일 겁니다. 다만 그 과정에서 부모가 지나치게 기대하며 아이를 정신적으로 몰아붙이는 건 아닌지, 아이가 자신을 위해서가 아닌 부모의 기대에 부응하기 위해 결과에 과도하게 집착하지는 않는지 점검해봐야 합니다.

수험이 알기 쉬운 예인데, 교육 현장에서도 경쟁 원리가 자주 작동합니다. 저는 경쟁 자체는 나쁘지 않다고 생각합니다. 경쟁에서 이기고 싶은 마음이 공부를 열심히 하는 동기부여가 될 때도 있으니까요.

그러나 아이가 학교 성적이나 등수에 따라 자신의 가치를 의심하게 만들어서는 안 됩니다. 이는 자기긍정감과 이어집니다. 시험이나 수험이 자신의 가치를 증명하는 일로 생각하게 돼서는 안 됩니다. 수험 결과가 좋지 않더라도 아이가 들인 노력과 과정은 존중받아야 마땅합니다.

아이가 수험 준비를 하며 정신적으로 내몰리는 이유는 경쟁에서 지면 끝이라고 생각하기 때문입니다. 경쟁은 아이가 목표를 향해 힘을 내기 위한 장치 중 하나에 불과합니다. 경쟁에서 진다고 해서 부모에게 버려지거나 인생이 끝나는 건 결코 아니죠.

예를 들어 의대 입학시험을 치를 기회는 누구에게나 있습니다. 그러나 제한된 인원만 시험에 통과할 수 있죠. 불합격하더라도 아이가 노력한 가치는 떨어지지 않습니다. 아이의 존재 가치 역시 떨어지는 게 아니죠. 코우지의 이야기처럼 부모의 기대나 꿈이 아닌 아이 자신의 목표를 위해 공부하라고 격려해줘야 합니다.

공부하라는 말을 들을수록 하기 싫어지는 부메랑 효과

코우지의 부모는 이미 공부를 열심히 하고 있는데도 공부하라는 말을 귀에 못이 박히도록 해왔습니다. 공부를 잘하는 코우지에게 기대하는 마음으로 한 말이었고, 어느 정도까지는 효과가 있었습니다. 하지만 부정적인 영향도 있었죠. 이를 심리학에서는 '부메랑 효과boomerang effect'라고 부릅니다.

부메랑 효과란 상대방을 열심히 설득할수록 반발심이 일어 반대로 행동하게 만드는 현상을 말합니다. 부메랑은 중간 부분이 구부러져 공중으로 던지면 되돌아오는 속성이 있죠. 즉 어떤 행위가 행위자의 의도를 벗어나 불리한 결과로 되돌아올 때 사용하는 말입니다.

사람은 어떤 행동을 강요당하면 반발하기 마련입니다. 의식적으로든 무의식적으로든 자유를 추구하는 본능을 가진 인간이기에 자유를 침해당했다고 느끼는 것이죠. 다들 어릴 적 공부하라는 부모의 말을 듣고 오히려 공부할 의욕이 떨어졌던 경험이 있을 겁니다.

부메랑 효과가 일어나기 쉬운 2가지 조건이 있습니다.

하나는 '설득하는 사람과 같은 의견일 때'입니다. 반대 의견보다 오히려 같은 의견을 강요할 때 부메랑 효과가 나타납니다. '나도 그렇게 생각했는데' 같은 말을 하면 도리어 반발하고 반대 행동을 취하게 됩니다. 그래서 공부하려고 마음먹었을 때 공부하라는 말을 들으면 갑자기 하기 싫어지죠.

코우지는 공부를 잘한 데다가 공부하는 재미와 기쁨을 이미 알고 있었습니다. 스스로 하려는 마음이 충분한 상황에서 부모님은 공부하라고 잔소리를 해댔죠.

부메랑 효과가 일어나기 쉬운 또 다른 조건은 '설득하는 사람을 신뢰하지 않을 때'입니다. 아무리 좋은 조언이라도 난생처음 만난 사람이 말하면 보통은 반발심이 생깁니다. 불신하는 상대가 말하면 더 거스르고 반항하는 마음이 들겠죠. 반대로 신뢰하는 사람의 말은 불편하게 들리지 않습니다.

코우지도 어머니와 신뢰관계가 돈독했더라면 달랐을 겁니다. 공부하라는 말을 들어도 그렇게까지 불만이 쌓이지는 않았겠죠. 그런데 코우지의 어머니는 자기 일이 우선이라 아이와 제대로 대화할 시간조차 내지 않고선 일방적으로 공부하라고 지시만 했습니다. 게다가 자유롭게 꿈을 이루는 형을 지켜보며 자기 처지가 더 비관적으로 느껴졌으리라는 것을 쉽게 추측할 수 있습니다.

코우지는 반발심을 품으면서도 계속해서 공부했습니다. 그러다가 결국에는 폭발하고 말았죠.

공부 외 다른 화제를 찾아라

부모라면 당연히 아이 공부가 신경 쓰이고 걱정됩니다. 그러나 평소 대화나 아이에게 자주 하는 말이 공부에만 치우친 건 아닌지 돌아보세요. 만약 아이가 일상생활에서 공부와 관련한 이야기를 자주 한다면 부모가 공부 외의 화제를 멀리하고 있다는 증거입니다. 부모의 눈치를 보며 대화 주제를 고른 것이니까요.

본래 아이의 관심이 공부에만 있을 리가 없죠. 친구에 관한 일, 게임, 아이돌, 애니메이션, 유튜브, 케이크, 축구 등 좋아하는 게 얼마나 많을 텐데 꾹 참고 공부 이야기만 하는 걸까요.

공부, 시험, 점수, 수업 시간…. 모두 중요하죠. 부모와 아이가 터놓고 공부 이야기를 하는 건 무척 바람직합니다. 다만 부모가 아이와의 대화에서 공부 이야기에만 관심을 쏟고 반응을 보인다면 아이는 부모의 기대가 점차 힘들어질 겁니다. 공부가 잘될 때는 상관없지만 노력한 만큼 결과가 나오지 않는다면 코우지처럼 성적표를 숨기고 거짓말을 해서라도 인정받으려 무리합니다. 어느새 공부가 즐겁지 않아질 겁니다.

기분을 전환해야 무엇이든 하고 싶은 의욕이 솟아납니다. 공부도 좋지만 공부 외에도 요즘 아이가 무엇을 좋아하고 흥미를 느끼는지 다양한 화제로 대화를 시도해보시길 권합니다.

공부 의욕이 낮을 땐 스몰 스텝으로

공부는 즐거운 것입니다. 몰랐던 것을 알게 되고 세상을 보는 눈이 넓어집니다. 배울수록 다양한 정보를 깊이 해석하고 인생에 유용하게 쓸 수 있습니다. 교양은 인생을 풍부하게 만들어주는 밑거름이니까요.

부모는 아이에게 알아서 공부하라고 지시만 하는 게 아니라 공부의 즐거움을 가르쳐줘야 합니다. "이런 걸 배워서 무슨 도움이 된다는 거야?", "하나도 재미없어" 하며 공부의 재미를 알기도 전에 거부하는 아이들이 있습니다.

여러분도 중학교 시절에 노래나 말장난 식으로 원소주기율표나 역사적 사건의 연도를 암기한 사람이 많을 겁니다. 그때는 400년도 더 지난 옛일의 날짜를 기억해서 뭘 어쩌겠냐는 의문을 품었죠. 과거를 모르면 현재를 이해할 수 없다는 사실을 훨씬 더 나이를 먹고 나서야 이해하게 되었지만요.

무작정 공부하라고만 하면 아이는 점점 더 공부하기가 싫어집니다. 공부 의욕이 낮을 때는 앞에서도 소개했던 '스몰 스텝'을 활용해보세요. 목표를 작게 세분화해서 여러 번 목표를 달성하는 경험을 통해 아이는 배우는 재미와 성취감을 느낄 수 있습니다.

예를 들어 글쓰기를 어려워하는 아이가 있다고 해봅시다. 목표는 200자짜리 원고지에 여름방학에 했던 일을 주제로 글쓰기를 하는 것입니다. 원고기에 글쓰기를 하면 맞춤법이나 문장부호, 띄어쓰기 등을 빠르게 익힐 수 있고, 정해진 칸에다 글자를 또박또박 바르게 쓰는 습관이 만들어지는 효과가 있습니다.

참고로 원고지 쓰는 법은 인터넷 검색으로 쉽게 찾을 수 있습니다. 초등논술부터 시 같은 창작을 할 때도 주로 쓰이니까요.

자, 이 과제를 다음과 같은 스몰 스텝으로 나눌 수 있겠죠.

1. 원고지 쓰는 법을 이해한다.

2. 노트에 여름방학에 있었던 재미있는 일을 메모한다.

3. 노트에 '언제, 어디서, 누구와 무엇을 했다'라는 사실과 그때의 감정을 구분해서 써본다.

4. 노트에 쓴 글을 원고지에 맞춰 옮겨 적는다.

이렇게 스몰 스텝으로 과제를 나누면 일단 무엇부터 시작해야 되는지 알 수 있습니다. 그리고 하나하나 과정을 따라 해결하면서 쉽게 성취감을 얻을 수 있어 좋습니다. 작은 성공을 반복하는 것이 중요합니다. '해냈다!'라는 생각이 들면 글쓰기도 재미있어지기 마련이니까요.

스몰 스텝을 활용하면, 부모도 결과만 보지 않고 과정에 집중하면서 아이가 하나씩 완수할 때마다 칭찬할 수 있습니다. 칭찬받은 아이도 자신감을 갖고 더 공부해보려는 의욕이 생겨날 겁니다.

7장

"조심해!"

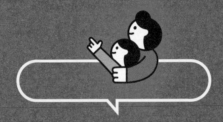

아이의
공감능력을
죽이는 말

죄명

사기

노인들을 대상으로 투자를 유도해 500만 엔을 빼앗다

마이의 부모님은 마이가 어렸을 때 레스토랑을 시작했습니다. 가족이 운영하는 작은 레스토랑이었는데, 동네에서 금방 인기를 얻었습니다. 레스토랑 운영으로 바빠진 부모를 대신해 할머니가 마이를 돌봐주었죠.

할머니는 공립초등학교 교장을 지낸 교육자였는데, 하나밖에 없는 손녀 교육에 온 정성을 다했습니다. 마이의 아버지는 교사였던 모친을 매우 존경해 육아에 관한 모든 걸 일임했습니다.

반면 마이의 어머니는 시어머니에게 큰 열등감을 느꼈습니다. 자신은 고졸인 데 반해 시어머니는 교장직에서 물러난 뒤에도 지역민생위원을 지내는 등 주변에서 높은 평가를 받았기 때문입니다.

할머니는 마이를 무척 귀여워하면서도 걱정이 많아서 걸핏하면 "위험한 행동은 절대 하면 안 되는 거 알지?", "항상 조심하렴" 하고 말했습니다. 또래 친구가 그네에서 노는 걸 보고 마이도 그네를 타려하면 "옛날에 학교에서 그네 체인에 손가락이 끼어 크게 다친 아이가 있었단다. 위험하니까 안 탔으면 좋겠구나"라며 제지했습니다.

또 한번은 강가에 핀 꽃을 따기 위해 둑길을 내려가려는데 "발이 미끄러져서 강에 빠지는 바람에 죽은 아이가 있었단다" 하며 붙잡았습니다. 마이는 늘 "알겠어요" 하며 별다른 불만 없이 할머니의 말을 그대로 따랐습니다.

그렇게 자라 초등학교 고학년이 되고 친구들끼리 어울려 놀러 다니자 마이도 그렇게 하고 싶어졌습니다.

"친구들이 쇼핑센터에 간대요. 저도 가도 되죠?"

하지만 할머니는 절대로 허락해주지 않았습니다.

"이 할미는 걱정이 돼서 쓰러질지도 몰라. 그래도 괜찮으면 가보렴."

이 말에 마이는 친구들과 놀러 가는 걸 포기했습니다. 아이들과 제대로 어울리지 못하다 보니 마이는 반에서 붕 뜨는 일이 많아졌습니다.

마이는 중학생이 되었습니다. 학원과 동아리 등을 핑계 삼을 수 있는 나이가 되자 드디어 할머니의 감시에서 조금씩 벗어날 수 있었습니다. 마이는 집에서는 착한 아이를 연기하고, 밖에서는 불량한 친구들과 어울렸죠.

유행에 민감한 또래 아이들답게 마이는 고등학생 때부터 10대 잡지의 독자 모델을 했습니다. 옷과 액세서리를 마구잡이로 사들여서 용돈은 금세 바닥나기 일쑤였습니다.

대학생이 되어 아르바이트를 했지만, 씀씀이가 헤픈 마이에게는 언 발에 오줌 누기였습니다. 그래서 생각해낸 방법이 부모님 레스토랑 매상에 손을 대는 것이었습니다. 조금씩 빼가기 시작했는데 들키지 않자 더 과감하게 몇 번이나 손을 댔죠. 하지만 한 번에 훔칠 수 있는 금액에는 한계가 있었습니다.

이번에는 할머니 서랍에 있는 쌈짓돈에 손을 댔습니다. 지금까지 자기를 억압한 대가를 치르게 해주겠다는 마음으로 훔쳤기 때문에 특별히 나쁜 짓을 한다는 죄책감도 없었습니다.

더 큰돈을 손에 넣고 싶어진 마이는 우연히 특수사기 기사를 보고 '이거다!' 싶었습니다. 이후 계획을 세워 레스토랑에 자주 오는 단골 어르신을 대상으로 사기를 쳤습니다.

"우리 가게가 3년 뒤에 리뉴얼 오픈을 해서 대규모 체인점이 될 예정이거든요. 지금 투자하시면 큰 배당금을 받을 수 있어요. 근데 이건 비밀이니까 아무한테도 말씀하시면 안 돼요!"

그러면서 '이건 할머니가 하신 말씀이다' 하며 지역 유명인사인 할머니를 간판으로 내세우는 치밀함까지 덧붙였습니다. 그렇게 노인들에게 500만 엔 정도의 큰돈을 가로채는 데 성공했습니다. 당연히 배당금은 없었고, 마이는 체포되었습니다.

타인의 감정을 이해하지 못하는 비극

소년분류심사원에서 면담할 때 마이는 "특별히 나쁜 짓을 했다고 생각하지는 않아요. 피해자의 마음이 어쩌고저쩌고하는데, 솔직히 쉽게 돈을 벌 수 있다는 말에 눈이 돌아간 건 그쪽 아닌가요? 그런 말에 금방 속아 넘어가는 쪽이 이상한 거죠"라고 말했습니다.

마이는 공감능력이 낮아서 피해자의 심경을 상상하기 어려워 보였고, 좀처럼 반성하는 태도도 느껴지지 않았습니다. 하지만 소년원에 송치된 후, 그곳에서 여러 번 면접과 교정·교화 프로그램을 거치면서 점차 자기 문제를 깨달았습니다.

"아, 제가 그분들에게만 알려주는 비밀이라고 이야기해서 기뻤던 거군요? 저는 그 마음을 배신한 거고요⋯."

그런 식으로 피해자의 마음을 생각하게 되기까지 시간이 걸린 건 분명합니다.

마이는 또래 친구들과 어울린 경험이 매우 부족했습니다. 걱정 많은 할머니가 아이가 다치거나 문제가 생기지 않도록 앞서서 움직이고, 아이들끼리만 노는 것을 금지했기 때문입니다. 소위 말하는 과보호 때문에 공감능력을 기를 기회를 빼앗겼다고 할 수 있습니다.

공감이란 타인의 감정을 자기감정처럼 느끼는 것입니다. 공감하려면 2가지 전제를 갖춰야 합니다. 하나는 '사람의 감정을 정확하게 인지하는 힘'입니다. 내 눈앞에 있는 사람이 화를 내고 있는지 슬퍼하고 있는지 표정에서 감정을 읽고 인지하는 것이죠.

또 하나는 '사람의 감정을 정확하게 추측하는 힘'입니다. 웃고 있지만 슬프다, 냉정을 유지하고 있지만 화가 난 상태다 등 인지에 바탕을 두면서 상대의 기분을 추측할 수 있어야 합니다. 그래야 비로소 공감능력이 발휘됩니다.

공감능력은 다양한 사람과 커뮤니케이션을 하면서 자랍니다. 대수롭지 않은 한마디에 상처받거나 싸우거나 화해하는 등 대인관계를 통해 겪게 되는 여러 감정과 실패가 공감능력을 키워줍니다.

보통은 유소년기에 크고 작은 문제를 여러 번 경험하며 공감능력이 길러집니다. 경험을 통해 자기 말과 행동을 상대방이 어떻게 느낄지 헤아릴 줄 알게 됩니다. 그런데 마이는 그런 경험을 하지 못한 채로 자랐습니다.

사춘기가 되어서 마이는 자신이 반에서 어울리지 못하고 겉도는 존재라는 사실을 자각했습니다. 같이 놀거나 같이 공부하는 식으로 몸으로 부딪치며 어울려야 친해지기 쉬운데 할머니가 모두 저지했으니, 반 친구들과도 커뮤니케이션을 하기가 어려웠습니다.

어쩌다 대화를 나눈다 해도 자기 이야기만 하거나 상황에 맞지 않는 쓸데없는 말을 하는 바람에 친구들에게 상처를 주기도 했습니다. 사이좋게 지내고 싶은데 어떻게 해야 좋을지를 몰랐던 것이죠. 반에서 고립되었다고 느낀 마이는 서서히 할머니를 원망했습니다.

'다 할머니 탓이야. 할머니가 뭐든지 안 된다고 하니까 내가 이렇게 된 거잖아.'

그리고 할머니의 억압과 간섭에서 구해주지 않은 부모님에게도 적의를 품었습니다. 레스토랑의 매상을 슬쩍하면서도, 할머니 서랍에 있던 쌈짓돈에 손을 대면서도 '이 정도는 당연하다'라고 생각했죠. 그렇게 가정 내 절도를 반복하는 사이에 죄책감은 옅어지고, 마침내 투자 사기로까지 발전하고 말았습니다.

마이뿐 아니라 절도나 사기를 저지르는 비행청소년과 범죄자는 공감능력이 낮은 경향이 있습니다. '속는 사람이 문제다'라고 말하며 피해자의 기분 따위는 생각하려고도 하지 않습니다. 하지만 100% 속이는 쪽이 나쁩니다. 상대가 욕망에 사로잡혔다고 해서 범죄를 저질러도 되는 것은 결코 아닙니다.

잘못을 부정하는 자기합리화의 심리

마이는 첫 면담에서 피해자들을 두고 '속는 쪽이 문제', '돈에 눈이 돌아간 사람이 잘못이다'라는 말들을 내뱉었습니다. 이처럼 어떤 일을 한 뒤에 자책감이나 죄책감에서 벗어나기 위해 자기 행동을 정당화하는 심리를 심리학에서 '자기합리화'라고 합니다.

자기합리화는 자기 마음을 지키기 위해 발동하는 방어 기제 가운데 하나입니다. 마이는 사람을 속여서 돈을 빼앗는 일이 나쁜 짓이라는 사실을 분명히 알고 있었습니다. 죄책감을 느끼기 때문에 속는 사람이 문제지 자신에게는 잘못이 없다는 식으로 문제를 합리화했죠.

비행청소년과 범죄자 대부분이 자기합리화를 합니다. '이런 이유가 있었으니까 어쩔 수 없었다'라고 자기 입장에서만 말합니다. 그들의 변명은 제삼자에게 사실을 설명하는 변명과는 조금 다릅니다. 자기 마음을 지키기 위해 스스로 구실을 붙이는 것이죠.

변명하지 말라고 혼을 내봤자 이해하지 못하기 때문에 소용이 없습니다. 우선은 그렇게 생각하는 마음을 인정해주는 게 중요합니다. "그런 이유가 있어서 어쩔 수 없었다고 생각하는구나" 하고 말이죠.

여기서 '그런 이유가 있어서 어쩔 수 없었구나'로 말을 끝내서는 안 됩니다. 마음을 인정해주려는 것이지 행동을 인정해주려는 게 아니니까요. 행동을 인정해주면 그들은 자신의 잘못이나 심리 상태를 돌이켜볼 생각을 하지 못합니다. 범죄자를 교화하려면 일단 변명을 들어줘야 합니다. 그래야 비로소 피해자의 기분이나 죄의 무게를 알아차릴 수 있습니다.

나쁜 행동을 한 아이를 혼낼 때도 일단은 변명을 들어주는 일이 중요합니다. 아이는 자기 마음을 진정시키기 위해서 변명하는 경우가 많습니다. 실컷 변명하고 나면, 그제야 자기모순을 깨닫게 됩니다. 이 과정이 중요합니다. 스스로 깨달아야 앞으로 나아갈 수 있으니까요.

부모가 반드시 가르쳐야 하는 것

공감능력과 도덕성에는 밀접한 관계가 있습니다. 도덕성이란 사람으로서 더 잘 살아가기 위한 행위를 낳는 사회적 능력을 말합니다. 사회 안에서 대다수의 사람이 공유하는 가치관이나 규칙에 따라 보다 건전하고 쾌적한 공동생활을 하도록 판단하고 행동하는 능력이죠.

학교에서 의무적으로 도덕 교육을 하지만, 가정에서도 반드시 가르쳐야 합니다. 예를 들어 '줄을 서서 차례를 지키자'라는 규칙이 있습니다. 배우지 않고도 저절로 되는 것이 아닙니다. 어린아이는 순서를 지키지 않고 친구가 가지고 노는 장난감을 빼앗기도 합니다. 이때 "순서를 지켜야 하는 거야"라고 가르쳐주는 것이 부모의 역할입니다.

사회 규칙을 지켜야 다른 사람을 배려할 수 있고 본인도 배려받을 수 있다는 사실을 부모가 가르쳐줘야 합니다. 처음에는 엄마가 하라고 했으니까 따라 하는 수준이어도 상관없습니다. 규칙을 기억하고 문제를 일으키는 일 없이 지내는 것이 첫 번째 단계입니다.

다음은 공감능력을 바탕으로 아이가 자연스럽게 판단하도록 놓아둬야 합니다. 그러면 '내가 순서를 지키지 않고 맨 앞으로 가면 줄을 선 사람은 어떤 기분이 들까? 화가 날까? 슬플까?' 하고 생각하며 스스로 더 나은 선택을 하게 됩니다. 공감능력은 이처럼 도덕성이라는 탄탄한 토대가 마련되어야 잘 자랄 수 있습니다.

"조심해!"라는 말을 조심해야 하는 이유

마이의 할머니는 눈에 넣어도 안 아픈 손주가 기분 나쁜 일을 당하지 않았으면, 속상해하지 않았으면, 다치지 않았으면 하는 마음으로 거의 모든 행동을 통제했습니다. 그래서 어떤 일에든 미리부터 "조심해!"라는 말이 자동적으로 튀어나왔습니다. 다 손주 잘되라고 한 말이죠.

하지만 아무리 봐도 과보호이자 지나친 간섭이었습니다. 부모님이 중재를 했으면 좋았을 텐데 바쁜 생활 탓을 하며 아이를 돌보는 일에 소홀했습니다. 그 결과 마이는 문제를 스스로 감지하고 판단하는 능력이 낮아 위험한 일에도 쉽게 손을 뻗고 말았습니다. 동시에 공감능력이 낮아 상대방의 기분을 헤아릴 줄 모르는 아이가 되었습니다.

뭐든지 조심하라고 제지하면 아이는 스스로 경험해볼 기회를 잃습니다. 어떤 일이든 실제로 해보면 기분이 좋아지는 일도 있고 다치거나 실망하거나 기분이 나빠지는 일도 있죠. 긍정적인 경험뿐만 아니라 부정적인 경험도 귀한 성장의 양식이 됩니다.

예를 들어 아이가 핼러윈 파티에 초대받아서 갔는데 다들 코스튬을 하고 있어서 평상복 차림으로 간 자신이 부끄러웠다고 해봅시다. 그러면 다음부터는 어떤 옷을 입고 가야 할지 미리 확인하거나 준비하겠다고 결심하겠죠. 다음에 자기가 파티를 열게 되면 손님이 무안하지 않도록 복장에 관해 알려주려고 할 겁니다.

물론 이런 작은 실패로 치명적인 사건이 일어나는 건 아닙니다. 아이가 경험할 기회를 줘야 한다는 말입니다. 그게 실수든 창피든 보람이든 아이가 직접 겪어봐야 스스로 생각하고, 다른 사람도 생각하고, 다음도 생각할 수 있게 됩니다.

아이가 정말 위험한 일을 하려 할 때는 말리지 않으면 안 되겠죠. 부모는 위험의 크기에 관해 판단해야 합니다. 큰 축은 '생명의 안전에 지장이 있느냐'입니다. 그 외에는 '어디까지 허용할 수 있느냐'입니다.

아이를 걱정하는 마음에 자기도 모르게 참견하고 싶어지는 것은 이해합니다. 하지만 부모가 언제까지고 아이와 붙어 있을 수는 없습니다. 아프게 넘어진 경험이 없는 아이는 스스로 무엇을 조심해야 하는지 모릅니다. 정말로 내 아이를 위한다면 일부러 실패를 경험하도록 내버려둘 때도 있어야 합니다.

특히 아이의 대인관계는 부모가 지나치게 간섭하지 말아야 할 영역입니다. 대인관계의 실패는 공감능력을 길러줍니다. 친구가 장난을 치는 바람에 욱해서 아이가 심한 말을 했다고 해봅시다. 아이는 엄마에게 "아니, 걔가 오늘 내가 하지 말라고 했는데도 자꾸 장난쳐서 나도 모르게 욕이 나오긴 했는데, 진짜 어쩔 수 없었다니까?" 하며 변명을 늘어놓습니다. 이럴 때 "그래도 친구에게 나쁜 말을 하면 안 되지!" 하며 훈계하는 대신 "그렇게 생각했구나" 하며 아이의 변명을 부정하지 말고 들어줍니다.

아이는 변명하는 사이에 스스로 잘못을 깨닫거나 친구 기분을 헤아리며 내일 사과해야겠다고 생각할 수 있습니다. 그러나 아이가 끝까지 반성하지 못한다면 부모가 개입해서 스스로 생각하게 도와주면 됩니다. 부모의 생각을 말하는 게 아니라 아이가 생각하도록 "○○이는 지금 기분이 어떨까?" 하는 식으로 슬쩍 생각의 방향을 바꿔주는 겁니다.

어린 시절의 경험은 인생에 장기적인 영향을 미칩니다. 이전의 발달심리학은 아이에서 청년기 무렵까지를 연구 대상으로 삼았습니다. 하지만 지금은 '전생애 발달심리학'이라는 이름 아래 생애 전체에 걸쳐서 발달이 이어진다는 관점으로 인생을 탐구하는 학문이 주목받고 있습니다. 고령화가 진행된 사회에서 노인이 된 이후에도 어떻게 행동하고 어떻게 살 것인가는 중요한 과제입니다.

나이가 들어 체력이 떨어져도 심리적인 발달은 계속됩니다. 그 바탕이 되는 것이 어린 시절의 경험입니다. 어린 시절의 풍부한 경험은 어른으로 잘 자립하기 위해서뿐만 아니라 그 사람의 평생에 걸쳐 영향을 준다는 사실을 모든 부모님이 꼭 알아주셨으면 좋겠습니다.

반성을 표현할 줄만 아는 아이들

아이가 문제 행동을 하면 어른은 잘못을 꾸짖으며 "반성해"라고 말합니다. 하지만 안타깝게도 이 말은 의미 없을 때가 많습니다.

"죄송합니다. 제가 잘못했어요. 이제 다시는 안 그럴게요."

어른은 아이로부터 이런 대답을 끌어내는 데 성공했으니 문제가 다 해결됐다고 생각하지만, 아이는 내뱉은 말과 반대로 실제로는 반성하지 않을 수 있습니다. 아이가 자기 말과 행동, 사고방식을 객관적으로 돌아보고 후회한다기보다는 당장 눈앞에 있는 부모의 마음을 누그러뜨리려 형식적인 반성의 말을 내뱉는 경우가 상당히 많습니다.

제가 봐온 비행청소년들 역시 능숙하게 랩 가사를 외우듯이 반성의 말이 술술 나와서 감탄을 자아낼 정도입니다. 착한 표정도 잘 짓습니다. 그저 반성을 '표현'할 뿐 반성에 진정성이 담긴 아이들은 거의 없었습니다.

아이들은 반성에 앞서 처음엔 변명했을 겁니다.

"…그래서 어쩔 수 없었어요!"

그러면 "변명하지 말고 반성해!"라고 더 혼이 났겠죠. 이런 상황에서 혼나는 경험을 여러 번 반복하면 아이는 더 이상 변명도 설명도 하지 않게 됩니다.

"죄송합니다. 제가 본의 아니게 큰 피해를 주고 말았네요. 앞으로는 정말 조심하겠습니다."

이렇게 반성의 달인이 됩니다.

사실 반성하라는 말은 억압의 말입니다. 아이가 안고 있는 불만을 제대로 들어주지도 않고 일방적으로 반성만을 강요하면 불만이 쌓이고 쌓여 결국 폭발하고 맙니다. 여러 번 설명하고 있는데, 아이가 잘못된 행동을 했을 때는 무작정 지적하거나 반성하라고 압박하지 말고 우선 변명을 들어준 다음 질문을 통해 아이가 생각하는 방향을 바꿔줘야 합니다.

"왜 이런 행동을 했어?", "그때 어떤 생각이 들었어?" 하고 물으면서 아이가 스스로를 돌아보게 해야 합니다. 스스로 깨달아야 진짜 반성을 하고 바뀔 수 있습니다.

자기 기분과 마주하는 '롤 레터링'

소년원과 교도소에서는 교정·교화 프로그램 중 하나로 '롤 레터링'을 자주 사용합니다. 범죄자들이 자신을 돌이켜보게 하는 유용한 방법입니다. 종이와 연필만 있으면 되니, 가정에서도 아이들과 따라 해보기를 추천합니다.

롤 레터링이라는 명칭은 롤 플레이에서 따온 말입니다. 역할을 연기하면서 편지를 교환한다는 뜻에서 롤 레터링은 '역할 서한법' 또는 '역할 교환 서한법'이라고도 부릅니다. 어머니, 선생님 등 특정 인물에게 편지를 쓰고, 상대방이 다시 나에게 편지(답장)를 씁니다.

롤 레터링의 특징은 주고받는 편지를 실제 상대방 없이 모두 혼자 쓴다는 것입니다. 그리고 편지는 부치지 않습니다. 상대방에게 보여줄 일이 전혀 없기 때문에 롤 레터링을 쓰면 솔직하게 자기 기분을 드러낼 수 있습니다.

롤 레터링의 목적은 자신과 상대방 양쪽 역할을 체험하면서 내면을 관찰하고 문제의 본질을 깨닫기 위함입니다.

편지를 쓸 대상은 본인의 인격 형성에 깊이 관여한 사람으로 주로 부모, 조부모, 형제자매, 선생님 등입니다. 때때로 자기가 저지른 범행의 피해자에게 편지를 쓰기도 합니다.

구체적으로 롤 레터링이 어떤 것인지 살펴봅시다. 예시는 각성제를 과용하다가 소년원에 들어온 N군의 롤 레터링으로 실제 사례를 바탕으로 각색했습니다. 먼저 N군이 어머니에게 쓴 편지를 읽어보죠.

편지① 내가 어머니께

어머니, 오늘 나쁜 짓을 해서 죄송해요.

그렇게 두 번 다시 나쁜 짓을 하지 않겠다고 다짐하고, 어머니께 약속했으면서 또 실망하게 만들었네요. 어려서부터 남에게 피해를 주지 않으려고 애쓰며 살았는데, 설마 이런 일로 소년원에 들어오게 될 줄은 몰랐어요.

물론 약을 하면 안된다는 건 알아요. 하지만 참을 수가 없었어요.

사는 게 귀찮다고 느꼈을 때, 약으로 도망쳐버렸어요.

전 왜 이리 나약한 인간이 되었을까요? 제 자신이 정말 싫어집니다.

어머니도 마찬가지겠죠. 제 뒷바라지하는 것도 이제 지긋지긋하실 거예요. 정말 죄송합니다. 이제 약은 절대로 손도 대지 않겠다고 하늘에 맹세할게요.

○○(남동생)이는 잘 지내요?

제가 소년원에 들어온 건 알고 있나요? 최대한 알리지 않았으면 좋겠습니다. 소년원에 있는 형 따위 분명 너무 싫을 테니까요.

모두가 저를 포기해도 어쩔 수 없다고 생각해요.

그래도 가능하면 면회는 와주세요.

직접 어머니께 사과하고 싶어요.

그동안 수많은 롤 레터링을 봤는데 이 예시처럼 부모에게 보내는 편지는 거의 대부분 '죄송합니다'로 시작합니다. 실제로 부모에게 보내는 것이 아니기 때문에 반성하는 척할 필요가 없는데도 진심으로 실망하게 해서 죄송한 마음이 있는 것입니다. 동시에 '이러고 싶지 않았지만 이런저런 이유로 하게 되었다'라는 자기합리화도 보입니다.

이제 어머니 입장이 되어 자기 자신에게 편지를 씁니다.

편지② 어머니가 나에게

편지 잘 읽었다.

너는 네가 한 행동의 무게를 알고 있니?

실망시켰다고 반성하면서 대체 왜 그런 행동을 했는지 모르겠구나.

처음 붙잡혔을 때 내 앞에서 다시는 나쁜 짓을 안 하겠다고 울며 사과했지.

그런데 대체 왜…

이번 일로 내가 자식 농사에 실패했다는 사실을 깨달았단다.

앞으로는 부모 자식의 연을 끊고 나와는 상관없는 인생을 살았으면 좋겠구나.

이젠 지긋지긋해.

애초에 어떻게 약을 할 생각을 하니?

나는 그렇게 나약한 인간으로 키운 기억은 없구나.

소년원에서 너 자신을 바로잡으렴.

면회도 가고 싶지 않구나.

네 얼굴은 보기도 싫다.

상당히 쏘아붙이는 말투인데 이것 역시 자기가 쓴 것입니다. 이 예처럼 처음에는 롤 레터링을 하면서 적대적으로 쓰는 경우가 많습니다.

하지만 오고 가는 답장을 몇 차례 반복하는 사이에 점차 변화가 나타납니다. 편지라는 형식을 취함으로써 비로소 자신과 상대방을 객관적인 시각으로 볼 수 있게 됩니다. 그동안 미처 몰랐던 자신의 약한 부분이나 문제를 현실적으로 찾을 수 있고, 적대적인 상대와도 개선할 수 있는 기회가 보이기 시작합니다. 물론 편지 대상과의 관계도 좋아지죠.

편지③ 내가 어머니께

답장 고마워요.

어머니가 그렇게 느끼는 것도 당연해요.

저도 제가 왜 이리 나약한 인간이 되어버렸는지 모르겠어요.

약을 하면서 아마 인생에서 도망치고 싶었던 것 같아요.

공부도 친구도 가족도 뭐 하나 제대로 되는 게 없었어요.

이런 제가 한심해서 즐겁지 않고 늘 우울하기만 했던 것 같아요.

그럴 때도 어머니는 항상 말을 걸어주셨지요.

무척 바쁘신데도 "무슨 일 있어?" 하며 걱정해주셨어요.

저는 그런 어머니를 실망하게 만들고 말았어요.

저한테 살 자격이 있는 건가 싶은 생각도 들어요.

소년원에서는 저를 돌아볼 시간을 많이 보내고 있어요.

지금까지 제가 잘못했던 것만 생각나더라고요. 말로 표현을 제대로 못해서 금방 포기해버리고 거짓말도 많이 했어요. ○○(남동생)이는 뭐든지 잘하는데 저는 참 한심하네요.

제가 뭘 잘하는지 못 찾겠어요.

전 왜 이렇게 되어버린 걸까요?

차분하게 생각해볼게요.

편지④ 어머니가 나에게

너의 가장 큰 장점은 따뜻한 마음을 가졌다는 거야.

물론 다른 사람의 믿음을 저버리는 행동을 하는 건 용서할 수 없는 일이지.

아직도 네 얼굴을 마주할 자신은 없지만 그래도 너 자신을 좀 더 소중히 여

겼으면 좋겠구나.

너는 어려서부터 시무룩한 표정을 하고 있을 때가 많았어. 왜 그러냐고 물

으면 항상 "아무것도 아니에요"라고 했지.

내가 걱정할까 봐 대답할 수 없었던 거겠지.

일도 하고 병간호도 하느라 정신없이 바쁜 나를 보면서 차마 아무 말도 못

했을 거야.

누구에게도 털어놓지 못하고 혼자서 큰 고민을 안고 있었구나.

알아주지 못한 건 내 잘못이야.

나도 여유가 없어서 아무것도 아니라는 너의 말을 그대로 받아들이고 말

았어.

하지만 그렇다고 해서 약을 해도 된다는 뜻은 아니야.

자신과 마주할 시간이 많다면 과거를 제대로 청산해야 할 것 같구나.

네가 정말로 달라지고 싶다면 나도 도와줄게.

어떻게 달라질 건지, 어떻게 달라졌는지 또 알려다오.

N군은 롤 레터링을 통해 처음으로 어머니의 마음을 깊이 이해할 수 있었습니다. 자신을 인정해줬다는 사실과 함께 어머니의 괴로움도 알아차릴 수 있었죠. 그리고 진심으로 뉘우치며 앞으로 어떻게 달라지고 싶은지 생각할 수 있게 되었습니다. 3장에서 소개한 내관 요법과 롤 레터링을 함께 진행하면 더욱 좋은 결과가 나타납니다.

마이도 처음에는 자기중심적인 생각만 했지만, 소년원에서 내관요법과 롤 레터링을 하면서 타인의 기분과 감정을 점차 깨달아갔습니다. 할머니에 대해서 '더 자유롭게 해주길 바랐다. 나를 믿어줬으면 했다'라고 아쉬워하는 동시에 '할머니가 나를 반듯한 아이로 키워야 한다는 강한 부담감을 안고 애썼다'라는 사실도 알게 되었습니다.

"할머니를 안심시켜드릴 수 있는 말을 더 많이 해드릴 걸 그랬어요."

마이는 소년원에서 나가면 할머니를 어떻게 대할지 생각해보기 시작했습니다.

이 책을 읽는 여러분에게도 롤 레터링을 적극 추천합니다. 부모님이나 형제자매, 자녀에게 편지를 써보세요. 수시로 불안하거나 화가 나거나 불만이 생기던 이유를 알게 될 겁니다.

아이에게 롤 레터링을 하게 한다면 그것이 아이를 반성하게 만들려는 목적이 아니라는 사실을 유념해야 합니다. 아이가 쓴 편지를 봐주는 것은 상관없지만 편지 내용을 지적해서는 절대로 안 됩니다. 반성문을 쓰게 할 생각으로 진행하면 본래의 효과를 얻지 못합니다.

기본적으로 롤 레터링은 '상대방에게 보여주지 않는 편지'라는 전제가 있기에 솔직하게 자기 마음을 써내려갈 수 있습니다. 상대방의 입장에 서보면서 객관적으로 자신을 돌아보고 깨달음을 얻는 시간입니다.

대학 강의 시간에도 롤 레터링을 진행합니다. 처음에는 뭘 써야 할지 모르고, 자기 속마음을 드러내는 게 불편해서 잘 쓰지 못하다가 일단 시작하면 푹 빠져서 수시로 롤 레터링을 하는 학생이 많습니다. 자기 안의 변화가 느껴져서 재미있는 것이죠.

그저 편지를 쓰는 게 전부인 것처럼 보이지만 이 시간을 통해 내면이 꽤 많이 성장합니다. 신기하게 효과도 엄청납니다. 가족끼리 꼭 해보시길 바랍니다.

아이를 대하는 부모의 4가지 양육 태도

마이의 할머니는 늘 "조심해"라고 말하며 과보호와 지나친 간섭으로 아이의 발달을 막았습니다. 잘되라고 한 말이 오히려 '쓸데없는 참견'이 된 전형적인 사례입니다. 보호자는 아이를 위하는 일이라고 믿기에 스스로는 좀처럼 무엇이 문제인지 깨닫지 못합니다. 평소에 아이 걱정이 많은 사람은 수시로 자신의 양육 태도를 돌아봐야 합니다.

다시 정리해보면 과보호란 필요 이상으로 보호하는 걸 말합니다. 아이가 자립하기까지 발달 시기에 따라 부모가 적절한 도움을 줘야 하는 건 맞지만, 과도하게 아이의 요구를 들어주거나 응석을 부리게 하거나 모든 행동을 통제하고 필요 이상으로 보호하는 태도 모두 과보호입니다.

미국의 심리학자 사이먼즈Symonds는 아이에게 영향을 주는 부모의 양육 태도를 지배, 복종, 보호, 거부라는 4가지 유형으로 분류했습니다. 여러분의 양육 태도를 한번 점검해보기 바랍니다.

지배

아이에게 명령하거나 강제하는 양육 태도. 아이는 순종적으로 자라지만 자발적인 행동이 적고 부모의 눈치를 살핀다.

복종

부모가 아이의 눈치를 보며 다 맞추려는 양육 태도. 아이는 다른 사람을 따르지 않으며 난폭한 면이 있고 차분하지 못한 성격을 보인다.

보호

아이를 필요 이상으로 보호하려는 양육 태도. 아이는 위험에 대해 신중한 한편, 부모가 없는 곳에서는 호기심을 보인다. 성격은 온화하지만 자신을 지키는 방법을 모른다.

거부

아이를 무시하거나 거부하는 냉담한 양육 태도. 아이는 신경질적이고 차분하게 있지 못한다. 주변 사람들의 관심을 끌기 위해 반사회적인 태도를 취하기도 한다.

4가지 유형으로 보통 1개만 해당되는 게 아니라 여러 개가 뒤섞인 복합형인 경우가 많습니다. 마이의 할머니는 '지배＋보호의 과보호형'이라고 볼 수 있습니다. 지나치게 열심히 보살핀 나머지 아

사이먼즈의 양육 태도

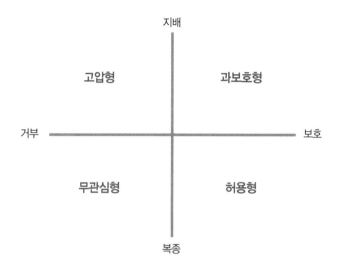

이가 성장할 기회를 빼앗은 패턴입니다.

'복종＋보호의 허용형'은 아이의 요구를 뭐든지 들어줘서 응석받이로 키웁니다. 그래서 아이는 자기중심적이고 인내심이 부족한 상태로 자랍니다.

'복종＋거부의 무관심형'은 부모가 아이에게 원하는 물건을 사주고 마음대로 하도록 내버려두면서 무시하는 유형입니다. 무관심한 부모에게서 자라는 아이는 경계심이 강하고 신경질적이면서 외로움을 많이 탑니다.

'지배＋거부의 고압형'은 아이에게 부정적인 태도를 취하면서 명령을 자주 합니다. 아이는 공감능력이 부족하고 부모의 지배에서 벗어나기 위해 도피적인 행동을 합니다.

여러분의 양육 태도는 어디에 가까운가요? 한쪽으로 치우쳤다면 반대로 보완할 수 있는 다른 유형을 접목해 균형을 잡아보세요. 한 방향에 치우치지 않고 그래프의 정가운데 부분에 위치하는 것이 가장 이상적입니다.

과보호가 나쁠까, 자유방임이 나쁠까?

과보호의 반대는 자유방임입니다. 사이먼즈의 분류로는 '거부'에 해당합니다. '아이의 자주성에 맡긴다'라고 말하면 좋게 들릴지 모르지만, 부모로서의 책임감이 약한 경우는 위험합니다.

자주성에 맡기는 것은 아이가 사리분별을 할 줄 알게 된 후의 이야기입니다. 부모가 도덕적 규범과 사회 규칙을 가르치고 아이가 공감능력을 바탕으로 스스로 판단할 수 있을 때 비로소 가능한 일입니다. 또한 부모와 자식의 신뢰관계가 구축되어 있다는 전제가 필요하죠.

내 아이가 순서를 지키지 않고 놀이기구에 줄을 선 다른 아이를 밀치는 모습을 보고서도 교육하지 않는다면 부모의 의무를 다하지 않은 것입니다.

요즘 비행청소년의 보호자 가운데는 과보호 유형이 크게 늘었는데, 예전에는 방치하고 방임하는 유형이 많았습니다. 이런 양육 태도를 가진 부모들은 아이가 한 잘못에 대해 '나는 모른다', '내 탓이 아니다'라고 말합니다. 아이를 제대로 보호하지 않는 보호자입니다.

그렇다면 이와 반대인 과보호 유형의 부모는 아이의 잘못에 대해 책임지려 할까요? 그렇지도 않습니다. '아이를 위해서 이렇게까지 해줬는데 대체 왜 이러는 걸까요' 하고 되묻죠. 이 보호자들도 결국 '나는 잘못이 없다'라고 말하고 싶은 겁니다.

과보호든 자유방임이든 아이에게 결코 좋은 영향을 주지 못합니다. 부모는 아이의 흥미나 요구에 적절하게 반응하고, 또 아이의 말과 행동에 대한 명확한 기준을 설정해서 제대로 교육해야 합니다. 즉 부모는 자녀의 발달에 맞게 알맞은 보호와 지원을 해줘야 합니다.

어려운 문제는 전문가와 상담하자

과보호하는 엄마를 일명 '헬리콥터맘'이라고 부르기도 합니다. 헬리콥터처럼 아이 주변을 맴돌며 눈을 번득이다가 무슨 일이 있으면 금세 날아가서 도와주는 모습에 빗대어 만들어진 말입니다.

아이를 아끼고 도와주려는 마음이 앞선 나머지 학교에 쳐들어가서 선생님에게 말도 안 되는 요구를 하는 일들이 있습니다. 저도 몇 번 목격한 적이 있는데, 눈 하나 깜빡 안 하고 뻔뻔하게 주장하는 부모를 보며 아이는 무슨 생각을 했을까요. 저라면 너무나도 창피할 것 같습니다.

물론 정당한 요구는 괜찮죠. 아이가 혼자 해결할 수 없는 문제는 마땅히 부모가 움직여야 합니다. 아이에 관해 걱정되는 일이 있다면 담임 선생님이나 아동전문가를 찾아가 상담하는 것도 좋은 방법입니다.

예를 들어 아이가 친구한테 괴롭힘을 당하는 것 같은 경우, 성급하게 부모가 학교에 따지러 가기보다는 전문가와 상담하는 편이 더 낫습니다. 감정적으로는 문제를 제대로 해결하기가 쉽지 않을뿐더러 아이의 학교생활이나 정서에 안 좋은 영향을 미칠 수 있으니까요.

214

아이 발달에 관한 고민이나 아이가 문제 행동을 해서 걱정이 된다면 전문가와 상담해보기를 권합니다. 정신건강의학과 같은 전문병원과 더불어 전국에 청소년상담복지센터와 아동상담소가 많습니다. 무료 법률 상담부터 전화 상담까지 실질적인 도움을 받을 수 있으니 가벼운 마음으로 문을 두드려보세요.

부모뿐만 아니라 아이들도 직접 상담할 수 있습니다. 부모에게 말하기 어려운 고민이나 문제도 있을 수 있으니 이 기회에 집 근처 가장 가까운 상담센터가 어디인지 찾아보고, 아이와 공유하는 것도 좋겠습니다.

8장

"
좋은 애정이란
일방향이 아닌 양방향이다
"

아이에게
상처 주지 않고
오롯이 진심을 전하는 법

목욕탕에서 건넨 말, "요즘 무슨 일 있니?"

저는 자녀교육에 있어 '이렇게 하면 반드시 잘된다'라는 절대적인 법칙은 없다고 생각합니다. 반대로 '이렇게 하면 대개 문제가 생긴다'라고 할 만한 행동은 있는 것 같습니다.

이 책에서는 그동안 제가 수십 년에 걸쳐 비행청소년과 범죄자의 심리를 분석하며 발견한 주요 공통점을 토대로 '아이가 잘되라고 한 부모의 말과 행동'이 오히려 아이를 괴롭게 만드는 이유와 과정에 관해 다루었습니다. 우리 아이들이 나쁜 길에 빠지지 않게 예방하는 차원이 아니라, 아이의 인생을 흔들고 좌우할 만큼 영향력이 절대적인 '부모의 책임'에 관해 이야기하고 싶었습니다.

그리고 늘 부모가 챙겨줘야 하는 작고 귀여운 어린아이에서 어느새 자기만의 세계를 갖기 시작한 사춘기가 된 아이들을 대하며 고민이 깊은 부모에게 조금이라도 도움이 되었으면 하는 바람을 담아 글을 써내려갔습니다. 세상의 모든 아이는 소중하기에 1명이라도 더 많은 아이의 미래가 지금보다 밝아지기를 바랍니다.

범죄심리학이자 아동심리학 교수라는 그럴듯한 직업으로 사뭇 잘난 듯이 말했지만, 저 역시 완벽한 인간은 아닙니다. 자식으로서나 부모로서나 항상 고민하며 치열하게 살아왔습니다. 그래서 마지막으로 제 이야기를 조금 들려드리고 싶습니다.

'교사의 자녀는 삐뚤어지기 쉽다'라는 말이 있습니다. 실제 데이터가 있는 건 아니지만 경험으로 비추어 아주 일리 없는 말은 아닌 것 같습니다. 교사의 자녀라는 사실만으로 부모나 아이 모두 사회적 기대치에 부응하려 항상 까치발을 들어야 하지 않았을까요?

실은 저희 아버지도 초등학교 교사였습니다. 역사가 있는 명문 초등학교의 교장 선생님으로 은퇴하셨죠. 제가 초등학교 3학년 때까지는 아버지가 같은 학교의 교사로 있는 게 정말 정말 싫었습니다. 왜냐하면 저는 저라는 개인이 아니라 'ㅇㅇ선생님의 아들'로 불렸기 때문입니다.

또 학교에서 아버지는 교사가 아닌 아버지로서 집에서 뭐 좀 가져오라는 등 심부름을 자주 시켰습니다. 그래서 저는 교무실에 가면 아버지를 '선생님'이라고 불러야 할지, '아버지'라고 불러야 할지 혼란스러웠습니다. 그러다 아버지가 다른 초등학교로 전근을 가고 나서야 숨통이 트이는 기분을 느꼈습니다.

저 역시 교사의 자녀라는 이유로 받게 되는 기대와 시선이 부담스러웠습니다. 특히 예민한 사춘기 시절이었기에 지금 생각하면 제가 자칫 잘못된 길로 갈 수도 있었겠다 싶습니다.

다행히도 저희 아버지는 아이를 잘 '관찰'하는 사람이었습니다. 학교에서든 집에서든 입버릇처럼 늘 이런 말씀을 했습니다.

"아이는 마음속 생각의 1%도 입 밖으로 말하지 않는다."

그러니 부모와 교사가 늘 아이를 관찰하며 평소와 달라진 게 없는지, 도움의 신호를 보내는 게 아닌지 확인하는 것이 중요하다고 하셨죠. '아이가 폭주할 때는 이미 사태가 심각해 회복하기 어려운 상황에 처해 있을 때가 많다'라는 말씀도 했습니다.

요즘 시대에 이런 말은 좀 이상하게 들리겠지만, 저는 중학교 2학년까지 아버지와 함께 목욕탕을 다녔습니다. 목욕탕에서 이런저런 이야기를 나누는 것이 휴일의 일과였죠.

그때마다 아버지는 제게 먼저 말을 걸며 "요즘 무슨 일 있니?"

하고 물었습니다. 아버지가 실제로 고민을 해결해주신 건 아니지만 언제든 네 이야기를 들어주겠다는 자세로 챙겨주고 곁에 있어주셔서 든든했습니다. 응어리진 말들을 털어내는 것만으로도 마음이 편해지더라고요. 무슨 일이 생겼을 때 의논할 상대가 있다는 건 엄청난 안도감을 줍니다.

평소에는 별로 대화가 없다가 뜬금없이 고민을 말하라고 하면 어느 아이도 제대로 말을 꺼내기 어려울 겁니다. 부모와 자식 간의 관계는 단번에 이뤄지지 않습니다. 성공이나 목표를 위해서는 '쌓아가는' 긴 시간이 필요하듯 아이와 함께하고 대화하는 시간을 꾸준히 쌓아가기를 바랍니다.

가족회의는 흰 종이를 펼치며 시작한다

부모님 덕분에 큰 방황 없이 무사히 청소년 시기를 지났지만, 제가 막상 부모가 되니 이 역할은 무척 어려운 일이었습니다. 쌍둥이 자매를 둔 아빠로 오랫동안 아이들에 대해 공부했으나 현실 육아는 쉽지 않았습니다.

저는 법무성에서 일한 터라 이동이 잦았습니다. 그것도 전국 각지를 돌았기 때문에 틀림없이 가족에게 큰 부담을 줬을 겁니다. 아이들은 자신의 의사와 무관하게 센다이, 요코하마, 도쿄, 고치, 마쓰야마에서 다시 도쿄로 옮겨 다녔습니다. 초등학교는 네 번이나 바뀌었죠. 아이들 교육이나 정서에도 좋지 않을 것 같아 제가 '기러기아빠'가 되는 방법도 고민했는데, 가족들과 진지하게 의논한 끝에 '그래도 가족이니까' 함께 이동하기로 했습니다.

근무지가 바뀌어도 기본적인 업무 내용은 같았기에 저는 그렇게 힘들지는 않았습니다. 하지만 가족들은 무척 힘들었을 겁니다. 새로운 환경에 적응하고 인간관계를 처음부터 다시 만들어가야 한다는 게 얼마나 두렵고 버거운 일이겠어요.

또한 어린 제 딸들도 새로운 곳에 적응하느라 긴장하는 일이 많았겠죠. 어느 날 문득 아이들의 인상이 날카로운 눈초리로 변했다는 생각이 들어 가슴이 아팠습니다.

그래서 제가 특별히 신경을 썼던 게 무슨 일이 있을 때마다 가족이 함께 대화하는 시간이었습니다. 부모가 일방적으로 정한 일에 아이들이 무작정 따르게 하지 않았습니다. 저희는 수시로 가족회의를 열어 대화를 나누고 합의점을 찾으려 애썼습니다. 대학교수가 되기로 했을 때도 가족 모두와 의논했습니다. '가족에게 영향이

가는 일은 다 함께 모여 회의를 하는 게 당연하다'라는 우리 가족만의 문화를 만들었죠.

아이가 고민이 있다고 하면 처음부터 끝까지 이야기를 들어줬습니다. '그럼 이렇게 하면 좋지 않을까?' 하고 조언하기보다는 아이의 말을 '정리하는 역할'만 했습니다. 탁자 위에 흰 종이를 펼치고 핵심 키워드를 적어나갑니다. 그걸 보면서 "이거랑 이 문제가 연결되어 있네", "이 부분을 신경 쓰는 게 중요하겠구나" 하며 정리했습니다. 딸들이 고민 상담을 할 때는 아무리 바쁘고 피곤해도 밤새도록 함께 의논하는 게 우리 가족의 연례행사였죠.

대학 수험을 앞두고 특히 매일 밤마다 이야기를 들었던 기억이 생생합니다. 이후 딸들에게 취업 고민이 생겼을 때도 이 방식으로 이야기를 들어줬습니다. 쌍둥이여서 진학 시기는 같지만 고민하는 지점은 전혀 달랐습니다. 그래서 필요에 따라 흰 종이를 펼치고 허심탄회하게 적어가며 이야기를 경청했습니다.

이제 저희 딸들은 30살이 되었습니다. 지금도 딸들은 "우리 집은 가족회의 문화가 있어서 참 좋았어요"라고 말하고는 합니다. 그 문화는 아직까지도 이어져서 의논하고 싶은 일이 있을 때면 다 같이 모여 흰 종이를 펼칩니다.

아이들이 어렸을 때부터 공유하는 문화 안에서 자랐기에 지금도 가족 모두가 근황을 공유하는 일이 자연스럽습니다. 딸 하나는 캐나다에 있어 요즘은 영상 통화를 자주 합니다. 각자 다른 생활이 있어도 가족 4명이 모여 자연스럽게 근황을 공유합니다. 그것도 의무가 아니라 자발적으로요.

딸들이 시시콜콜한 메시지를 잔뜩 보내는 걸 보고 놀라는 동료들이 많습니다. 아무래도 엄마가 아닌 아빠와 성인 자녀가 빈번히 연락하는 건 보기 힘든 광경이니까요.

우리 가족의 케이스가 정답이라는 건 절대 아닙니다. 다만 저희는 '가족회의를 통해 생각을 공유하고 서로를 위한다'라는 문화를 지향하고 있습니다.

가족도 브랜딩이 필요해

우리 가족 이야기는 하나의 예시일 뿐, 반드시 이렇게 해야 한다고 말하려는 것은 아닙니다. 100개의 가족이 있으면 100가지 생활이 있을 테죠.

소위 말하는 '평범한 가정', '일반적인 가정'을 떠올리며 거기에서 벗어나면 안 된다는 생각을 하지 말고, 충분한 의논과 협의를 통해 '우리는 이런 가정을 지향하자'라는 목표를 세우는 게 중요합니다. 그리고 그 목표를 가정 안에서 언제든 공유하는 것이죠.

저는 이를 '가정 브랜딩'이라고 부릅니다. 브랜딩이란 소비자나 대상이 되는 사람에게 공통된 이미지를 떠올리게 하거나 가치를 느끼게 하는 것입니다. 브랜딩은 기업이나 상품을 대상으로 하는 것이 일반적이지만 이를 가정 안으로 응용할 수도 있습니다.

먼저 브랜딩에 대해 이해를 하자면 '아우터outer(밖)'와 '이너inner(안)'가 있습니다. 소비자나 거래처 등 대외적인 것은 아우터이고, 조직을 구성하는 멤버는 이너에 해당합니다.

회사라면 공통 미션이나 비전을 공유하고, 구성원이 회사 비전을 자신과 관련한 일로 생각하도록 만드는 게 '이너 브랜딩'입니다. 이너 브랜딩이 있어야 회사 밖에서 봐도 통일된 이미지와 가치를 전달할 수 있습니다. '가정 브랜딩'은 이너 브랜딩을 지향합니다.

그리고 브랜딩에서 중요한 것은 차별화입니다. '어디에나 있는 평범한 상품'은 브랜드가 되지 못하니까요. 브랜드마다 부가가치가 꼭 필요합니다. 예를 들어 매장에 100% 순면의 심플한 흰색 티셔츠가 진열되어 있다고 해봅시다. 시판된 다른 티셔츠와 기능에도 큰 차이는 없을 겁니다. 하지만 브랜딩을 통해 사람들이 느끼는 가치는 크게 달라집니다.

'입는 사람을 가장 돋보이게 하는 흰색을 찾았습니다', '튼튼하게 만드는 데 집중했습니다. 100회 세탁해도 늘어나지 않는 티셔츠입니다'처럼 각 기업이 집중하는 포인트, 즉 지향하는 가치는 다릅니다. 공통의 단일 목표로 브랜드의 가치를 공유하는 것이 판매의 성패를 가르는 중요한 요소입니다.

기업 브랜딩을 가정으로 도입해봅시다. 드라마에 나올 법한 화려한 가정이 아니어도 괜찮고, 이렇다 할 특징이 없어도 좋습니다. 물론 특징이 있는 게 더 수월하겠죠. 하지만 어렴풋하게 '보편적', '일반적', '보통의' 가정을 떠올리는 것은 좋지 않습니다. 100가지 가족이 있다면 100가지 다른 생활을 하기 때문에 자기 머릿속에 만든 이런 이미지는 편견을 낳을 수 있습니다.

애초에 '평범'이나 '보통'은 있으면서도 없는 것과 같습니다. 모두에게 똑같이 적용한다는 건 불가능한 일이죠. 이런 생각으론 단추를 잘못 끼우기 쉽습니다.

다른 가정과 비교하지 말고 우리 가족 안에서 차별화를 꾀하면 됩니다. '우리 가족은 이런 가치를 중요시하며 이런 삶을 지향한다'는 생각을 공유하면 가족 구성원에게 유일무이한 '매우 소중한 가정'이 될 겁니다. 서로가 소중한 존재, 공동체는 자연스럽게 '코스트'로 연결됩니다. 이는 부모는 물론 아이가 가족에게 큰 상처나 문제가 되는 선택을 하지 않도록 이끌어줍니다.

아이와 함께 부모도 성장한다

가정마다 저마다의 사정이 있고 육아환경도 다릅니다.

경제적인 문제로 아이와 함께하는 시간이 짧거나 아이의 요구를 들어줄 수 없는 가정도 있고, 한부모 가정이라 의논할 사람이 없는 가정도 있습니다. 병이나 해결 불가능한 이유로 무거운 짐을 짊어진 가정도 있죠. 혹독한 환경일수록 양육은 힘겹습니다. 생각처럼 안 되어 맥이 빠지는 일도 있겠죠.

소년분류심사원에는 아이의 문제 행동에 관해 부모가 상담하러 오는 일이 많습니다. "저는 부모 자격도 없어요…"라며 자신감을 잃어버리고 자포자기한 부모도 있습니다. 문제가 벌어지고 나서 후회하는 건 안타까운 일이지만 저는 이게 기회라고 생각합니다. 앞으로 나아가기 위해 도움의 문을 두드린 거니까요. 부모든 아이든 잘못된 부분은 분명히 수정할 수 있습니다.

아무리 훌륭한 부모라도 자녀교육 문제로 고민하지 않는 사람은 없습니다. 생각대로 되지 않는 게 육아죠. 사는 일이 바빠 여유가 없으면 "빨리 좀 해!" 재촉하게 되고 "몇 번을 말해야 알아듣겠니?" 하며 아이에게 감정을 폭발하는 일도 있기 마련입니다.

처음부터 완벽한 부모는 없습니다. 실수하고 실패도 하면서 어제보다 조금 더 나은 부모가 되어갈 수밖에 없습니다. 아이의 성장과 함께 부모도 성장하는 것입니다. 자기도 모르게 아이에게 심한 말을 하거나 기분 나쁜 말투로 쏘아붙였다면 나중에 후회하지 말고 그 자리에서 바로 아이에게 솔직히 사과하세요.

"조금 전에는 엄마가 너무 걱정되는 바람에 말을 심하게 한 것 같아. 미안해."

아이는 부모가 자신을 진지하게 대하면 금세 알아차립니다. 말로는 '너를 위해서야'라고 하면서 부모 자신의 체면을 챙기는 데 열중한다는 것도 금방 눈치채죠.

자녀교육에는 정답이 없습니다. 부모의 생각이나 기대만큼 잘 풀리지 않을 때가 있더라도 애정을 품고 아이를 진지하게 대하다 보면 어떻게든 방법을 찾게 됩니다.

부모와 아이 모두 잘못을 바로잡는 것을 두려워하지 마세요. 사실 이게 이 책을 통해 가장 전달하고 싶었던 진심입니다.

'부모 탓'에 인생이 꼬였다고 생각하는 아이에게

마지막으로 부모가 아닌 아이들에게 덧붙이고 싶은 말이 있습니다. 부모에게 전하는 책이지만 아이들과 함께 읽는 경우도 있을 겁니다. 이 책을 보며 '비행청소년이 된 건 그 부모 탓이잖아' 또는 '그래, 내가 이렇게 된 건 모두 부모 탓이야'라고 생각하는 아이들이 있을 수 있습니다.

소년분류심사원의 비행청소년들도 처음에는 그리 생각합니다.

'부모가 날 그런 식으로 키우는 바람에 이렇게 됐다.'

'내가 필요할 때 제대로 응해주지 않아서 이렇게 됐다.'

그 말에도 일리는 있습니다. 문제는 혼자만 잘못해서 벌어진 게 아니죠.

최근 '부모 뽑기'라는 말을 들었습니다. 아이는 부모를 선택할 수 없고, 어떤 집에 태어나느냐는 순전히 운이라는 뜻으로 사용되더군요. '부모 뽑기에서 꽝이 나왔다'고 하면 가정환경이 안 좋은 집에 태어났다는 말이겠죠.

그래서 많은 비행청소년이 부모 탓을 합니다.

"아버지는 일도 안 하면서 대낮부터 술이나 마시고, 어머니는 밤에 일하러 다니니 학교에서 돌아와도 아무도 나를 돌봐주지 않았어요. 같이 있어도 홀로 있어도 늘 혼자인 기분이었어요."

안타깝게도 성장환경을 바꿀 수는 없습니다. 다시 아기 때로 돌아가 제대로 보살펴달라고 부탁할 수도 없죠. 그러나 과거는 바꿀 수 없지만, 현재는 바꿀 수 있습니다. 현실을 받아들이고 앞으로 어떻게 하면 좋을지 생각하는 수밖에 없습니다. '어떻게 해야 내가 가장 행복해질까'를 고민하고 방법을 찾아야 합니다.

부모가 원망스러울 수 있어도 '내가 이렇게 된 건 전부 부모 탓이야. 그러니 어쩔 수 없어'로 생각을 끝내서는 안 됩니다. 부모를 면죄부로 삼아봤자 얻을 게 없으니까요.

마음속에 쌓여 있는 불만, 분노, 외로움의 감정을 일단 토해내는 게 중요합니다. 이야기를 들어주는 사람이 있으면 이야기하고, 아무도 없다면 종이에 써보세요. 실컷 감정을 토해내면 전보다 생각이 정리될 거예요. 그렇게 사람은 앞으로 나아가는 겁니다.

누구나 살다 보면 크고 작은 여러 문제를 경험할 수밖에 없습니다. 그럴 때마나 낙담하거나 포기하지 않고 하나하나 헤쳐나가다 보면 반드시 좋은 일이 옵니다. 저는 현재를 변화시키기로 결심했다면 미래는 무조건 밝다고 굳게 믿습니다. 분명합니다.

1만 명의 속마음을 들여다본 범죄심리학자가 전하는

아이를 망치는 말 아이를 구하는 말

초판 1쇄 인쇄 2023년 9월 5일 | 초판 1쇄 발행 2023년 9월 18일

지은이 데구치 야스유키 | 옮긴이 김지윤

펴낸이 신광수
CS본부장 강윤구 | 출판개발실장 위귀영 | 디자인실장 손현지
단행본개발팀 조문채, 김혜연, 정혜리, 권병규
출판디자인팀 최진아, 당승근 | 저작권 김마이, 이아람
출판사업팀 이용복, 민현기, 우광일, 김선영, 신지애, 허성배, 이강원, 정유, 설유상, 정슬기, 정재욱, 박세화,
    김종민, 전지현
영업관리파트 홍주희, 이은비, 정은정
CS지원팀 강승훈, 봉대중, 이주연, 이형배, 전효정, 이우성, 신재윤, 장현우, 정보길

펴낸곳 (주)미래엔 | 등록 1950년 11월 1일(제16-67호)
주소 06532 서울시 서초구 신반포로 321
미래엔 고객센터 1800-8890
팩스 (02)541-8249 | 이메일 bookfolio@mirae-n.com
홈페이지 www.mirae-n.com

ISBN 979-11-6841-642-0 (03590)

* 북폴리오는 ㈜미래엔의 성인단행본 브랜드입니다.

* 책값은 뒤표지에 있습니다.

* 파본은 구입처에서 교환해 드리며, 관련 법령에 따라 환불해 드립니다.
  다만, 제품 훼손시 환불이 불가능합니다.

북폴리오는 참신한 시각, 독창적인 아이디어를 환영합니다.
기획 취지와 개요, 연락처를 bookfolio@mirae-n.com으로 보내주십시오.
북폴리오와 함께 새로운 문화를 창조할 여러분의 많은 투고를 기다립니다.